跟技能大师学
超声检测

◎ 曹永胜　编著

机械工业出版社

CHINA MACHINE PRESS

本书由长期在生产一线工作的、经验丰富的技能大师编写,内容与生产实际紧密结合,力求重点突出、少而精,图文并茂,深入浅出,注重细节,通俗易懂,便于培训学习。本书分为 8 个部分,主要内容包括:超声检测概述、超声检测设备与器材、探伤仪和探头性能测试、超声检测灵敏度制作方法、缺陷定量和定位、板材超声检测、焊缝超声检测和实际案例。书中还收录了多种超声检测技术和绝技绝活,并配有相关操作视频,读者可扫"二维码"观看。

　　本书既可作为企业培训部门及职业院校的培训教材,也可作为无损检测技术人员的参考资料。

图书在版编目(CIP)数据

跟技能大师学超声检测 / 曹永胜编著. -- 北京:
机械工业出版社,2024. 12. --(技能大师"亮技"丛书).
ISBN 978-7-111-77172-2

　Ⅰ. TB553

中国国家版本馆 CIP 数据核字第 20253EF381 号

机械工业出版社(北京市百万庄大街 22 号　邮政编码 100037)
策划编辑:王晓洁　　　　　　　责任编辑:王晓洁　王　良
责任校对:贾海霞　李　婷　　　封面设计:张　静
责任印制:常天培
河北虎彩印刷有限公司印刷
2025 年 6 月第 1 版第 1 次印刷
190mm×210mm · 9.166 印张 · 247 千字
标准书号:ISBN 978-7-111-77172-2
定价:69.80 元

电话服务　　　　　　　　网络服务
客服电话:010-88361066　机　工　官　网:www.cmpbook.com
　　　　　010-88379833　机　工　官　博:weibo.com/cmp1952
　　　　　010-68326294　金　书　网:www.golden-book.com
封底无防伪标均为盗版　机工教育服务网:www.cmpedu.com

跟技能大师学超声检测

技能大师"亮技"丛书
编审委员会

编委会主任

张黎明

编委会副主任

张东元　苗长建　尹子文　郎　峰　贺鑫元　汤　哲

编委会委员

李明洋　陶　安　曹永胜　李　勇　辛　亮　杨旭彬

李壮斌　李云广　洛亮亮　朱仕海　谢平华　张利好

王　波　彭　博　胡　煦　陈玉芝　李俊秀　王晓洁

王振国　黄倩倩　张雁茹　侯宪国　王　屹

总策划

陈玉芝　李俊秀

序 FOREWORD

>>>>>>>>>>

　　技能人才是支撑中国制造、中国创造的重要力量。当前，我国技能人才总量已超2亿，占就业人员总量27%以上，高技能人才超过6000万，占技能人才的比例约为30%。新一轮科技革命和产业变革深入发展，仍需培养更多高技能人才，以满足产业转型升级的需求。2022年，中共中央办公厅、国务院办公厅印发的《关于加强新时代高技能人才队伍建设的意见》提出，到"十四五"时期末，技能人才规模不断壮大、素质稳步提升、结构持续优化、收入稳定增加，技能人才占就业人员的比例达到30%以上，高技能人才占技能人才的比例达到1/3，东部省份高技能人才占技能人才的比例达到35%。目前，我国已经建成110个国家级高技能人才培训基地和140个国家级技能大师工作室，各个省市也相继建设了一大批省市级技能大师工作室。

　　"技艺超群"是技能大师等高技能人才最显著的职业形象特征。很多技能大师是技能含量较高、高技能人才密集的行业和大型企业集团工作的全国技术能手、劳动模范，为了配合国家高技能人才培养战略，将技能大师的高招绝活、经验技巧、创新成果固化下来，并向全社会进行介绍和推广，机械工业出版社启动了这套"技能大师'亮技'丛书"的编撰工作。

　　本套丛书的作者来自车辆制造、航空航天、船舶制造等行业，专业覆盖钳工、机械加工、智能制造等，均是有多年工作一线经验的各级技能大师和技术能手，并在技艺研发和传承方面做出过突出贡献。他们在岗位上刻苦钻研、不懈探索，创造了许多新技术新方法，因其高超的技艺，不仅优质高效地完成了多项工作，而且解决了大量技术难题。通过工艺革新、技术改良、流程改革及发明创造，节约了生产成本、提高加工效率以及提升了产品附加值，为企业发展做出了巨大贡献，在全国同行业形成了重要影响。本套丛书将这些技能大师多年在技术改造、技术攻关等工作实践中练就的绝活、绝技、绝招总结归纳、汇编成书，最大的特点就是来源于实践，服务于实践。

本套丛书所列操作案例全部来自生产一线，是他们劳动创造和心血智慧的结晶，这些大师的经验和技术资料，不仅是个人的宝贵财富，也是国家的宝贵财富。丛书实用性、操作性很强，具有扎实的实践基础和较高的推广价值，是岗位学习的好教材。更多的年轻技术人才要想更快地成长起来，如果能通过读书学习到这些一线优秀高技能人才的绝招、绝技也是一条捷径。希望通过本套丛书的学习，能够培养出更多的高技能人才，为我国的发展强盛做出更大的贡献。

丛书的出版有利于弘扬劳模精神，发挥劳模"一带多"的示范辐射带动作用；有利于发挥工会大学校的作用，培养更多具有一流业务技能、一流职业素养、一流岗位业绩的创新型职工；有利于推动企业储备人才、积蓄能量，增强竞争实力，实现可持续发展；有利于更广泛的读者交流体会、分享经验，为汽车行业发展贡献力量。

衷心祝贺丛书的出版！真诚希望这套丛书能成为广大一线职工学习进步的良师益友，同时也希望更多技能大师能以传承技能、培养人才、服务企业、回馈社会为己任，为中国制造的转型升级做出更大贡献！

中华全国总工会副主席

前言　PREFACE

>>>>>>>>>>

党的二十大报告提出，努力培养造就更多大师、战略科学家、一流科技领军人才和创新团队、青年科技人才、卓越工程师、大国工匠、高技能人才。期待更多青年增强矢志创新的勇气、敢为人先的锐气、蓬勃向上的朝气，立足岗位积极奉献，在建设制造强国的新征程中建功立业、成就梦想。技能是强国之基、立业之本。我国是制造业大国，国民经济建设需要大量的技能型人才，同时国家也在不断加强技能型人才的培养。

编者受聘为中车无损检测培训师，在无损检测方面有丰富的经验，曾在国家级竞赛中承担技能竞赛裁判员及技术指导工作。正值机械工业出版社征集出版"技能大师'亮技'系列丛书"，编者总结多年在无损检测工作中的实践及技能竞赛方面的经验，精心编写了《跟技能大师学超声检测》一书，希望对广大读者有所帮助。

本书的特点是紧密贴合超声检测实际过程，由编者对各个重点要素、环节进行示范。书中针对多种加工工艺列举了多种类型产品的超声检测技术和绝技绝活，通过示意图和实际检测图像、信号构建了逻辑紧密、实用性强的技能操作框架体系。读者结合图文即可轻松学习超声检测操作，掌握超声检测要领，并快速认知超声检测技能实施的关键。本书共有8个部分，主要内容包括超声检测概述、超声检测设备与器材、探伤仪和探头性能测试、超声检测灵敏度制作方法、缺陷定量和定位、板材超声检测、焊缝超声检测和实际案例。

书中还收录了多种超声检测技术和绝技绝活，并配有相关操作视频，读者可扫"二维码"观看。

由于编者水平有限，书中缺陷之处在所难免，衷心希望广大读者批评指正。

编　者

目录　CONTENTS

序
前言

1

超声检测概述

1.1 超声检测的定义和作用

超声检测是在不损坏被检工件的前提下，超声波在被检工件材料中传播时，由于材料和内部缺陷的声学性能变化，对超声波传播波形反射情况、传播时间以及能量等都产生一定的影响，通过对比分析和评价影响程度来检验工件材料内部缺陷的无损检测方法。

超声检测是五种常规无损检测技术中应用最广泛，使用效率最高的一种无损检测技术。在产品制造和使用的质量监控、提高生产效率、降低成本和改进制造工艺等方面发挥了重要的作用。

无损检测包括射线检测（RT）、超声检测（UT）、磁粉检测（MT）、渗透检测（PT）和涡流检测（ET）五种检测技术（图1-1）。其中射线检测和超声检测主要检测金属制品原材料、零部件和焊缝的内部缺陷，磁粉检测、渗透检测和涡流检测用于表面检测，发现表面和近表面缺陷。

图 1-1　五种常规无损检测技术

1.2 超声检测的工作原理

如图 1-2 所示，超声波通过换能器传入被检工件中，当遇到工件内部缺陷和底面时发生反射，反射回波被换能器和仪器接收，经过对反射信号的处理，仪器屏幕上显示缺陷的波幅、传播时间等信息，根据显示信息评判缺陷的大小和位置。

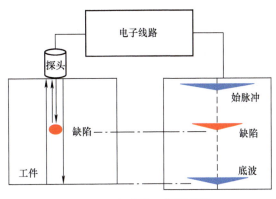

图 1-2　超声波工作原理图

1.3 超声波的特性

超声波是指频率高于 20000Hz，超过人耳可听范围的机械波。

产生超声波的条件：机械振动的声源和弹性介质的传播。

超声波检测所使用的频率一般为 0.5 ~ 15MHz 之间。

工业上对金属材料检测所用的频率常采用 1 ~ 5MHz。

超声波主要具有以下特征：

1）超声波在液体和固体介质衰减小、传播距离长、穿透力强，在气体中衰减快；在气体中没有超声波。

2）在不同介质的界面上产生反射、折射和波形转换。

注意：超声波在倾斜入射到固体界面时会发生波形转换（图1-3）。

3）超声波在介质中沿直线传播，具有良好的指向性。

4）超声波在一定介质中传播时速度不变。

5）在介质中传播会产生散射和能量衰减。

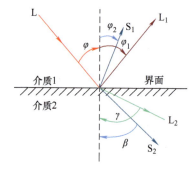

图 1-3　波形转换

L—入射纵波　L_1—反射纵波　L_2—折射纵波
S_1—反射横波　S_2—折射横波

1.4 超声检测波形

超声波在介质中传播过程中，依据质点的振动方向与波动传播方向的不同，分为纵波、横波、表面波和板波四种波形。

▶ 1.4.1 纵波

介质中质点的振动方向与波动传播方向一致的波称为纵波，用 L 表示，如图1-4所示。介质质点在受到不断变化的拉伸、压缩应力的作用下，质点之间会产生伸缩变形，形成疏密相同的纵波，故纵波又称为压缩波和疏密波。

凡是能产生拉伸或压缩变化的介质都能传播纵波，因为固体介质能产生拉伸和压缩变形，所以能传播纵波。液体和气体没有拉伸变化，但是在压力作用下体积变小，故也能传播纵波。

▶ 1.4.2 横波

介质中质点的振动方向与波动传播方向垂直的波称为横波，用 S 表示，如图1-5所示。

介质质点受到不断变化的剪切应力作用并产生剪切变形，故横波又称为剪切波和切变波。

因为只有能够承受剪切应力的介质才能传播横波，液体和气体没有切变模量不能传播横波，所以只有固体介质能传播横波。

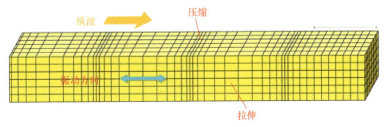

图 1-4 纵波

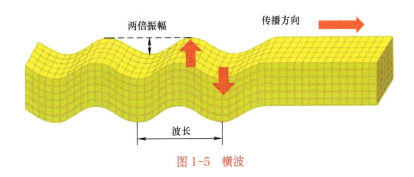

图 1-5 横波

1.4.3 表面波

　　介质表面在受到不断变化的表面应力作用下，产生沿介质表面传播的波叫表面波，又称瑞利波，用 R 表示，如图 1-6 所示。

　　表面波在传播时，质点做椭圆运动，椭圆的长轴垂直于波的传播方向，短轴平行于波的传播方向，可视为纵波和横波的合成。表面波不能在液体和气体里传播，只能在固体中传播。

　　表面波在传播中能量衰减快，只能发现距被检工件表面 $< 2\lambda$（λ 为波长）深度的缺陷。

1.4.4 板波

　　板波是指在薄板中激励的与板厚相当波长的波，又称兰姆波。兰姆波质点是椭圆振动，长轴和短轴的比例取决于被检工件材料性质。兰姆波又分为对称型（S 型）和非对称型（A 型），如图 1-7 所示。

对称型（S型）兰姆波的特点是沿薄板中心做纵向振动，上下表面质点做椭圆运动、方向相反且与中心对称，如图1-7a所示。

非对称型（A型）兰姆波的特点是薄板中心做横向振动，上下表面质点做椭圆运动，方向相同且与中心不对称，如图1-7b所示。

1.4.5 超声波应用范围

超声检测中常用的四种波形质点振动特点及应用范围见表1-1。

图1-6 表面波

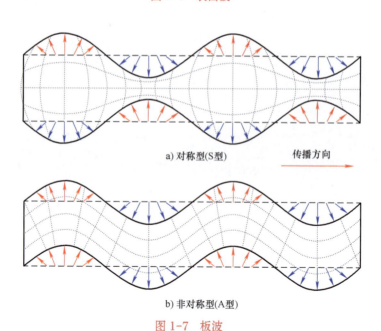

a) 对称型(S型)

b) 非对称型(A型)

图1-7 板波

表 1-1　超声检测中常用波形及应用范围

波的类型		质点振动特点	传播介质	应用
纵波		质点振动方向平行于波传播方向	固、液、气体介质	钢板、锻件
横波		质点振动方向垂直于波传播方向	固体介质	焊缝、钢管
表面波		质点做椭圆运动，椭圆长轴垂直波的传播方向，短轴平行于波传播方向	固体介质	钢管
板波	对称型（S 型）	上下表面：椭圆运动，中心：纵向运动	固体介质（厚度与波长相当的薄板）	薄板、薄壁钢管（$t < 6mm$）
	非对称型（A 型）	上下表面：椭圆运动，中心：横向运动		

1.5 超声检测的优点和局限性

1.5.1 优点

超声检测方法与其他四种检测方法相比具有以下优点：

1）用于金属材料、非金属材料和复合材料的无损检测。

2）穿透能力强，如用于金属材料，既可对 1～2mm 薄壁管材和板材进行检测，也可检测几米长的钢锻件。

3）缺陷定位较准确，对面积型缺陷的检出率较高。

4）检测灵敏度高，可检测部件内部尺寸很小的缺陷。

5）检测成本低、速度快、设备简单便于携带、现场作业使用方便。

6）对人体及环境无害。

1.5.2 局限性

1）受探头近场区的影响，对位于表面和近表面的缺陷容易漏检。

2）对结构形状复杂或不规则外形的部件进行超声检测有困难。

3）对体积型缺陷检出率较低。

4）缺陷在部件中的位置、取向、性质以及工件表面状态和内部晶粒度等都对检测结果有较大影响。

5）采用 A 型脉冲反射法的仪器检测结果显示不直观，定性困难，定量精度不高，检测结果可追溯性差。

2

‹‹‹‹‹‹‹‹‹

超声检测设备与器材

GenJineng Dashi Xue
Chaosheng Jiance

超声检测设备与器材包括超声波探伤仪、探头、探头线、试块、耦合剂和钢直尺等，如图 2-1 所示。超声波探伤仪和探头是超声检测的关键设备，其性能的好坏直接影响超声检测的检测灵敏度和缺陷定位定量准确度。

超声检测试块和耦合剂是超声检测的重要器材。试块类型和特定反射体的性质对确定检测灵敏度、校验仪器和探头性能及评定缺陷的大小具有重要意义。耦合剂使用种类对保障探头与工件间声能传播起到重要影响。

图 2-1　超声检测设备与器材

2.1 超声检测探伤仪

 2.1.1　探伤仪作用

超声波探伤仪是超声检测中的主体设备，它的作用是产生电振荡并施加于探头上，激励探头的压电晶片发射超声波，同时接收探头反射回来的电信号，并通过放大处理显示出来，从而获得被检工件内部有关缺陷的信息。

2.1.2　探伤仪分类

（1）根据采集信号处理技术分类　分为模拟式探伤仪和数字式探伤仪两种。国内使用的 CTS-23B 型是 A 型显示脉冲反射式模拟探伤仪（图 2-2a），HS610 型是 A 型显示脉冲反射式数字探伤仪（图 2-2b）。

（2）按缺陷显示方式分类　分为 A 型显示探伤仪、B 型显示探伤仪、C 型显示探伤仪。

1）A 型显示探伤仪如图 2-3 所示。A 型显示在仪器屏幕上是一种波形显示，横坐标代表超声波的传递时间（或距离），纵坐标代表反射回波的高度，可从反射回波的位置确定缺陷位置，反射回波的高度可以评估缺陷的大小。

2）B型显示探伤仪如图2-4所示。B型显示在仪器屏幕上是二维截面图显示，横坐标代表探头移动的距离，纵坐标代表超声波传播时间（或距离），通过探头移动距离可以判定缺陷长度，超声波传播时间可以判定缺陷深度（不显示缺陷的宽度）。

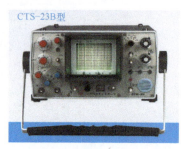
a) 模拟式

b) 数字式

图2-2　超声波探伤仪

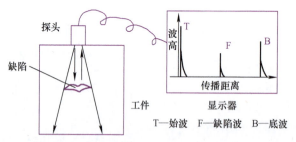

图2-3　A型显示

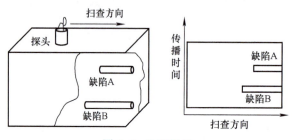

图2-4　B型显示

3）C型显示探伤仪如图 2-5 所示。C型显示在仪器屏幕上是一个平面图像显示，横坐标代表探头 X 轴方向移动距离，纵坐标表示探头 Y 轴方向移动距离，X 轴方向移动距离可以确定缺陷的长度，Y 轴方向移动距离可以确定缺陷的宽度（不显示缺陷的埋藏深度）。

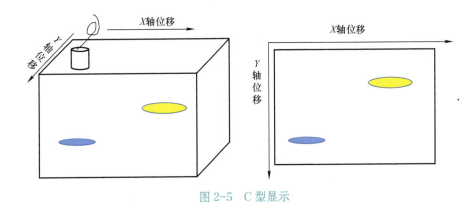

图 2-5　C 型显示

2.1.3　A 型显示脉冲反射式模拟探伤仪

1. 模拟探伤仪的工作原理

A 型显示脉冲反射式模拟探伤仪主要由脉冲发生器、扫描电路、发射电路、接收放大电路、显示器和电源组成，工作原理如图 2-6 所示。

2. 仪器主要旋钮的作用与调节方法

A 型显示脉冲反射式模拟探伤仪面板上有很多控制旋钮和开关，用来调节探伤仪的功能和工作状态，图 2-7 为模拟探伤仪面板示意图，下面以 CTS-22 型仪器为例，说明各主要旋钮的作用及调整方法。

（1）工作方式选择旋钮　此旋钮的作用是选择探伤方式，如图 2-8 所示，选择旋钮在 1 或 2 位置为单探头发收方式，探头可选用任意插座连接。但是在 1 位置时，发射强度不可变，仪器具有较高的灵敏度和分辨力；在 2 位置时，发射强度可变，调节发射强度旋钮调节灵敏度和分辨力。

选择旋钮在 3 位置时，为双探头一发一收方式，可采用双晶探头或者两个单探头检测。

（2）发射强度旋钮　发射强度旋钮的作用是控制仪器的发射脉冲功率，改变发射强度。在满足检测灵敏度的前提下，发射强度应尽量低。

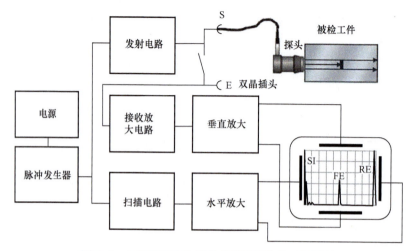

图 2-6　A 型显示脉冲反射式模拟探伤仪工作原理

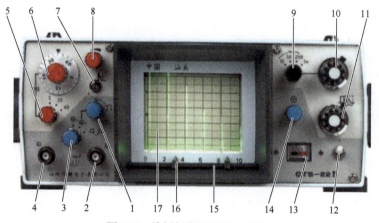

图 2-7　模拟探伤仪面板示意图

1—发射强度　2—发射插座　3—工作方式选择　4—接收插座　5—粗调衰减器
6—细调衰减器　7—抑制　8—增益　9—深度范围　10—深度微调　11—脉冲移位
12—开关　13—电源指示器　14—聚焦　15—遮光罩　16—游标　17—显示器

图 2-8　工作旋钮调节示意图

（3）衰减器　衰减器的作用是调节探伤灵敏度和测量反射回波高度。衰减器分粗调和细调两个旋钮，粗调一档为 20dB，细调每格 2dB。衰减器读数越大，灵敏度越低；反之，灵敏度越高。

（4）增益旋钮　增益旋钮的作用是改变接收放大器的放大倍数，控制探伤仪检测灵敏度。在灵敏度确定后此旋钮禁止调节。

（5）抑制旋钮　抑制旋钮的作用是抑制仪器屏幕上波高较低的杂乱波形。注意：使用抑制功能时仪器垂直线性和动态范围会改变，产生漏检，一般抑制旋钮设置为"0"。

（6）深度范围旋钮　此旋钮的作用是粗调检测范围，如图 2-9 所示。深度范围旋钮分 10mm、50mm、250mm、1m 档，可

根据被检工件的厚度选择合适的档位，工件厚度大选择大的档位，工件厚度小选择小档位。

（7）深度微调旋钮　深度微调旋钮的作用是精准调整检测范围。调节方法是根据被检工件厚度，先用粗调旋钮选取合适档位，再调节微调旋钮，显示器上反射回波的间距与工件反射体的距离成一定比例。

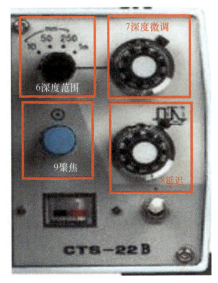

图 2-9　深度范围调节示意图

（8）延迟旋钮　此旋钮用于调节开始发射脉冲时刻与开始扫描脉冲时刻之间的时间差。调节时扫描线上反射回波的位置可左右移动，反射回波之间的距离不发生改变。

具体调节方法是深度范围旋钮、深度

微调旋钮和延迟旋钮相互配合地调节完成检测范围调整。先用深度粗调和微调旋钮调节反射回波间距后，再调节延迟旋钮，将反射回波调至相应位置，使反射回波前沿与仪器时基线零点重合，完成零点校准，如图2-10所示。

（9）聚焦旋钮　聚焦旋钮的作用是通过调节电子束聚焦，使仪器屏幕显示的波形清晰。

2.1.4　A型显示脉冲反射式数字探伤仪

1. 数字探伤仪的工作原理

数字探伤仪由发射电路、接收放大电路，微处理器或数字信号处理器（DSP）、显示器和数据存储组成，如图2-11所示。

图 2-10　零点校准

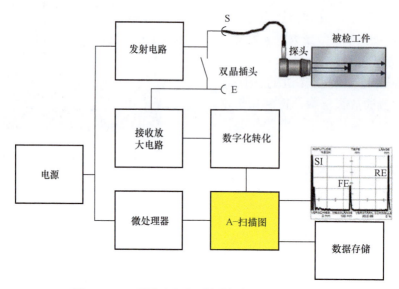

图 2-11　A型显示脉冲反射式数字探伤仪工作原理

2. 数字超声探伤仪的优点

与传统探伤仪相比数字超声探伤仪有以下优点：

（1）检测速度快　检测时仪器一般都能自动检测、计算、记录，因此检测速度快、效率高。

（2）检测精度高　数字化超声探伤仪对模拟信号经过模 - 数处理器和微处理器数据处理后形成数字信号，其检测精度可高于传统探伤仪检测结果。

（3）记录和档案　数字化超声探伤仪可以保存检测的缺陷图像。

（4）可靠性高，稳定性好　数字化超声探伤仪对采集到的数据通过模式识别对工件质量进行分级，减少了人为因素的影响，提高了检测的可靠性和稳定性。

3. 仪器主要按键的作用与操作方法

数字超声探伤仪是通过键盘操作完成使用者对探伤仪发出的所有控制指令。探伤仪面板示意图如图 2-12 所示，以此设备为例介绍数字超声波探伤仪各个按键功能和操作方法。

功能子菜单示意图如图 2-13 所示，用 FN1、FN2、FN3、FN4 按键调节对应的子菜单选项。

图 2-12　探伤仪面板示意图

触摸屏

U盘接口　充电口

手带

键盘

报警指示灯

电源指示灯

快速键

接收接口　发射接口　编码器接口　VGA/USB复合接口

图 2-13 功能子菜单示意图

如图 2-14 所示，本机键盘设有 23 个控制键，分为三大类：功能热键（4 个），菜单功能键（15 个），方向控制键（2），飞梭键（1），电源开关（1）。键盘操作过程中，探伤仪根据不同的状态自动识别各键的不同含义，执行操作人员的指令，键盘的具体功能简介见表 2-1。

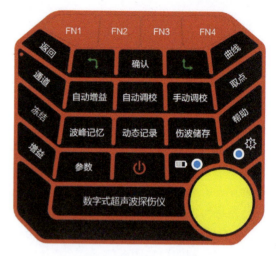

图 2-14 键盘示意图

表 2-1 键盘的具体功能简介

键名	作用	键名	作用
返回	功能取消，菜单逐级返回	电源开关 ⏻	物理开关电源
通道	50 组探伤参数选择键	自动增益	自动增益波形
冻结	波形停止刷新	自动调校	进入自动调校功能
增益	选中增益功能	手动调校	进入手动调校功能
曲线	进入曲线功能	波峰记忆	闸门内峰值记忆
取点	获取闸门内波形峰值、波形位置	动态记录	连续存储多幅相邻的波形数据
帮助	调出说明书	伤波储存	存储单幅波形数据
参数	调出参数界面	确认	波形冻结/输入命令、数据认可
左下键 ↙	参数调节，且是减小操作	右上键 ↗	参数调节，且是增加操作
⬤	旋钮键主要用于数字输入、增减、左右上下调节和功能选择及确认等功能	操作方式	左旋：等同左/下方向键
			右旋：等同右/上方向键
			单击：等同确认键

2.2 探头

2.2.1 探头结构

超声波探头基本结构由压电晶片、阻尼块、接头、电缆线、保护膜、外壳组成，不同种类探头结构也不同，如斜探头有使晶片具有角度的斜楔块，双晶探头有不影响发射和接收声波的隔声板和延迟块，如图2-15所示。

探头各部分的作用：

（1）压电晶片 压电晶片的作用是发射和接收超声波，实现电声能转换，如图2-16所示。

（2）阻尼块 阻尼块的作用一是使压电晶片停止振动，减小脉冲宽度，提高分辨力；二是减少杂波；三是对晶片起支承作用，如图2-15所示。

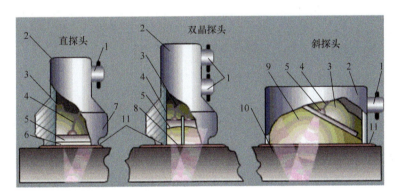

图 2-15 探头结构

1—接头 2—外壳 3—阻尼块 4—电缆线 5—压电晶片 6—保护膜 7—隔声板
8—延迟块 9—斜楔块 10—被检工件 11—耦合剂

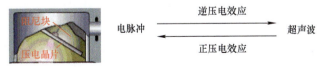

图 2-16 压电晶片

17

（3）保护膜　保护膜的作用是保护压电晶片不磨损或损坏，分为硬保护膜和软保护膜两种。硬保护膜适用于表面精细的工件检测，软保护膜适用于表面粗糙的工件检测。当保护膜的厚度为 $\lambda/4$ 时，超声波透射率最好。

（4）斜楔块　斜楔块是为了使超声波倾斜入射到工件的界面，发生波形转换得到检测需要的波形（图 2-17a）。

（5）电缆线　消除电波对探头的激励脉冲和回波脉冲的影响，并防止其向外辐射（图 2-17a）。

a)　　　　　b)

图 2-17　探头局部示意图

（6）隔声板　双晶斜探头隔声板的作用是阻止发射波和反射波相互干扰，使脉冲宽度变窄，提高分辨力，较少杂波进入接收晶片（图 2-17b）。注意：扫查方向与隔声板垂直。

（7）外壳　外壳是用金属材料制作的，将探头各部分组成放进保护壳内防止损坏。

▶ 2.2.2　探头的种类

超声波探头按不同的归纳方式可以进行不同的分类，一般有以下几种。

1）按被探工件中产生的波形分为纵波探头、横波探头、板波（兰姆波）探头、爬波探头和表面波探头。

2）按照探头与被探工件表面的耦合方式分为接触式探头和液浸式探头。

3）按照探头中压电晶片的数目分为单晶探头、双晶探头和多晶探头。

4）按照超声波声束分为聚焦探头和非聚焦探头。

下面介绍几种检测中经常使用的探头。

（1）直探头　直探头直接接触被检工件表面，并发射垂直于探头和被检工件表面的纵波，如图 2-18 所示。

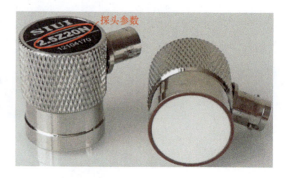

图 2-18　纵波直探头

纵波直探头用于发现和检测面平行的缺陷，主要用于板材、锻件和轴类径向等工件检测。直探头的主要标注参数是频率和晶片尺寸。

直探头直接接触被检工件表面，并发射垂直于探头和被检工件表面的纵波，如图2-15所示。

（2）斜探头　斜探头多利用横波检测，如图2-19所示，用于检测与检测表面垂直和有一定角度的缺陷，主要用于焊缝检测、车轴镶入部检测等。国产斜探头标注工作频率、晶片尺寸和K值（折射角的正切值）。

探头标注参数有工作频率和晶片尺寸。

图 2-20　欧标斜探头

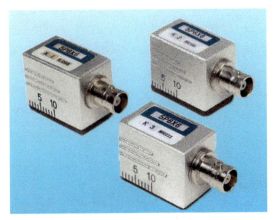

图 2-19　国标斜探头

欧标斜探头标注工作频率、晶片尺寸和角度，如图2-20所示。

（3）表面波探头　表面波探头（图2-21）用于产生和接收表面波，即当斜探头入射角度大于或等于第二临界角时，被检工件表面产生表面波，常用于检测表面与近表面缺陷，如钢管检测。表面波探头和斜探头的唯一区别就是入射角度不同。表面波

图 2-21　表面波探头

（4）双晶探头　如图2-22所示，双晶探头是由两块晶片组成，其中一块发射超声波一块接收超声波，中间有隔离板。双晶探头与单晶探头相比有灵敏度高、盲区小、杂波少、近场区短和声束聚焦等优点，

根据上述优点，双晶探头主要用于检测近表面缺陷。双晶探头标注参数为工作频率、晶片尺寸和聚焦区范围。

图 2-22　双晶探头

（5）可变角探头　如图 2-23 所示，可变角探头入射角可以通过转动压电晶片调节，可实现纵波、横波、表面波和板波的检测。

图 2-23　可变角探头

（6）水浸探头　水浸探头是一种单晶纵波探头，使超声波在部分或全部浸在水中的被测工件中传播。在被检工件为钢时，水层厚度控制在被检工件厚度 4 倍。水浸探头分为浸水式和注水式两种，如图 2-24 所示，用于高速探测管道、棒材、管件、平板及其他类似部件中的缺陷。

注意：探头浸于水中的时间不能超过 8h。探头需要有 16h 的干燥时间，以保证其使用寿命。

a) 浸水式　　　　b) 注水式

图 2-24　水浸探头

2.2.3　探头型号

探头型号的表示方法一般由工作频率、晶片材料、晶片尺寸、探头种类、探头特征五个部分组成，其排列方式如下：

工作频率→晶片材料→晶片尺寸→探头种类→探头特征

（1）工作频率　用阿拉伯数字表示，单位为 MHz。

（2）晶片材料　用化学元素缩写符号表示，见表 2-2。

表2-2 晶片材料代号

压电材料	代号
锆钛酸铅陶瓷	P
钛酸钡陶瓷	B
钛酸铅陶瓷	T
铌酸锂单晶	L
碘酸锂单晶	I
石英单晶	Q
其他压电晶片	N

（3）晶片尺寸　用阿拉伯数字表示，单位为mm，其中圆晶片用直径表示；方晶片用长×宽表示；双晶探头圆晶片用分割前直径表示；两个方形晶片用长×宽×2表示。

（4）探头种类　用汉语拼音缩写字母表示，见表2-3，直探头也可以不标出。

表2-3 探头种类代号

探头种类	代号
直探头	Z
斜探头（用K表示）	K
斜探头（用折射角表示）	X
分割探头	FG
水浸聚焦探头	SJ
表面波探头	BM
可变角探头	KB

（5）探头特征　斜探头钢中K值用阿拉伯数字表示。

钢中折射角用数字表示，单位为（°）。

分割探头钢中声束交区深度用阿拉伯数字表示，单位为mm。

水浸探头水中焦距用阿拉伯数字表示，单位为mm。DJ表示点聚焦，XJ表示线聚焦。

例1：如何用探头型号格式表示工作频率为2.5MHz，晶片材料为锆钛酸铅陶瓷，晶片尺寸为13mm×13mm，K值为2的斜探头。

首先，查表2-2查到晶片材料锆钛酸铅陶瓷代号为P。

其次，将已知条件按探头型号排列顺序要求排列。

最后，斜探头型号表示方式为2.5P13×13 K2。

例2：如何用探头型号格式表示，工作频率为4MHz，晶片材料为钛酸铅陶瓷，晶片尺寸ϕ20mm圆晶片的直探头。

首先，查表2-2查到钛酸铅陶瓷代号为T。

同理，直探头型号表示方式为4T20Z或4T20。

例3：型号为5T20FG10Z是什么探头？

首先，查表2-2得知T表示晶片材料为钛酸铅陶瓷，查表2-3得知FG为分割探头。

其次，将给出的探头型号按排列顺序逐个分析如下：

5	T	20	FG	10	Z
频率5MHz	钛酸铅陶瓷	圆晶片直径ϕ20mm	分割探头	探测深度10mm	直探头

例4：型号为 2.5I14SJ10DJ 是什么探头？

首先，查表 2-2 得知 I 表示晶片材料为碘酸锂单晶，查表 2-3 得知探头种类为水浸聚焦探头。

其次，将给出的探头型号按排列顺序逐个分析如下：

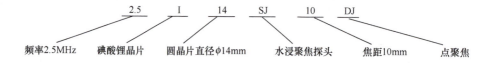

2.5	I	14	SJ	10	DJ
频率2.5MHz	碘酸锂晶片	圆晶片直径ϕ14mm	水浸聚焦探头	焦距10mm	点聚焦

2.3 耦合剂

2.3.1 耦合剂作用

在超声检测时为了使探头与被检工件之间声能更好地传播，而在它们之间施加的液体薄层称为耦合剂。

常用的耦合剂有润滑油、水、甘油、糨糊、变压器油、专用耦合剂等，如图 2-25 所示。

耦合剂的作用：①排除探头和被检工件之间的空气，使入射超声波能够传入工件中；②耦合剂起润滑作用，减少探头的磨损。

专用耦合剂　　糨糊　　甘油　　变压器油

图 2-25 耦合剂种类

2.3.2 耦合剂及其声阻抗

超声探伤常用耦合剂及其声阻抗见表 2-4。

表 2-4 常用耦合剂及其声阻抗

耦合剂	润滑油	水	水玻璃	甘油
Z（$\times 10^6 \text{kg/m}^2$）	1.28	1.5	2.17	2.43

甘油声阻抗高，耦合效果最好，但是甘油黏度大，需用水稀释使用，容易腐蚀工件，而且价格贵成本高。

水的来源广泛，容易使工件生锈，常用于水浸法检测，使用时加一些润滑剂和防腐剂，避免工件生锈。

润滑油和变压器油的润湿度和附着力比其他耦合剂好，且对工件无腐蚀，是超声检测中常用的耦合剂之一。

超声波专用耦合剂效果比较好，也是经常使用的耦合剂。

2.3.3 耦合剂要求

1）能润湿被检工件和探头表面，流动性好，黏度和附着力适当，容易清洗。

2）声阻抗高，透声性能好。

3）对工件无腐蚀，对人体无害，不污染环境。

4）性能稳定，不变质可长期保存。

5）来源广，价格低廉。

2.3.4 工件形状对耦合的影响

工件外表面形状不同，耦合效果也不一样，其中平面耦合效果最好，凸曲面次之，凹曲面最差。因为常用的探头表面为平面，与曲面接触为点接触或线接触，曲率半径越大，耦合效果越好，超声检测对工件被检测面表面粗糙度的要求是不大于 $6.3\mu m$。

2.4 试块

按一定用途设计制作的具有简单几何形状的人工反射体的试件，通常称为试块。探伤仪、探头和试块是超声检测中的重要器材。

2.4.1 试块的作用

1）确定检测灵敏度。

2）测量仪器和探头的性能。

3）调整扫描速度和零点校准。

4）评判缺陷的大小。

▶ 2.4.2 试块的基本要求

对标准试块的基本要求是：材质均匀、杂波少、无影响使用的缺陷、容易加工、耐腐蚀不变性、具有良好的透声性能。试块的平行度、垂直度、表面粗糙度、外形尺寸精度都要符合标准的要求。试块采用平炉镇静钢和电炉低碳钢制作。

▶ 2.4.3 试块的分类

1. 按试块的来历分

（1）标准试块　标准试块是由权威机构制作的试块，试块材质、形状、尺寸和表面状态都是由权威部门统一规定的。如国际焊接学会ⅡW1试块和ⅡW2试块，如图2-26、图2-27所示。

（2）参考试块　参考试块是由各部门根据具体检测工件指定的试块，如CSK-IA试块、CS-1试块等，如图2-28、图2-29所示。

2. 按试块上人工反射体分

（1）平底孔试块　是在试块上加工出不同直径和深度且底面为平面的平底孔，如板材和锻件检测中的CS-1试块、CS-2试块，CS-2试块如图2-30所示。

图2-26　ⅡW1试块

图2-27　ⅡW2试块

图2-28　CSK-IA试块

图2-29　CS-1试块

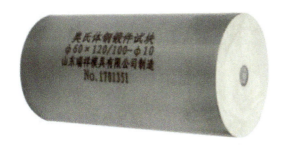

图 2-30　CS-2 试块

图 2-33　横槽试块

（2）横孔试块　是在试块上加工出不同深度的长横孔和短横孔且与探测面平行，如焊缝检测中 CSK-ⅡA（长横孔）和 CSK-ⅢA（短横孔）试块，如图 2-31、图 2-32 所示。

图 2-31　CSK-ⅡA 试块

图 2-32　CSK-ⅢA 试块

（3）槽形试块　是在试块上加工不同长度和深度的矩形槽和 V 形槽，如无缝钢管检测中所用试块和板材横波检测中使用试块，如图 2-33 所示。

 2.4.4　常用试块的使用和操作技巧

1. ⅡW1 试块

ⅡW1 试块的主要用途是调整检测范围、时基线比例；仪器的水平线性、垂直线性、动态范围；仪器和探头的综合性能分辨力、盲区、灵敏度余量；测量斜探头入射点、折射角、声束轴线的偏离、调整横波检测范围和扫查速度，ⅡW1 试块结构尺寸如图 2-34 所示。

小技巧：如何利用试块 91mm 来调整横波扫查速度？

例如横波要求扫查范围 1:1 声程定位，如图 2-34 所示，利用试块 91mm 来调整横波检测范围和扫查速度的方法是：第一步先将直探头放在位置 1，对准 90mm 底面，第二步调节仪器旋钮使底波 B1、B2 分别对准仪器屏幕上水平扫面线第 5 格和 10 格，第三步换上斜探头，放在位置 2 测量 R100mm 圆弧面的最高反射回波，并对准第 10 格即完成斜探头扫查范围 1:1 声程定位。

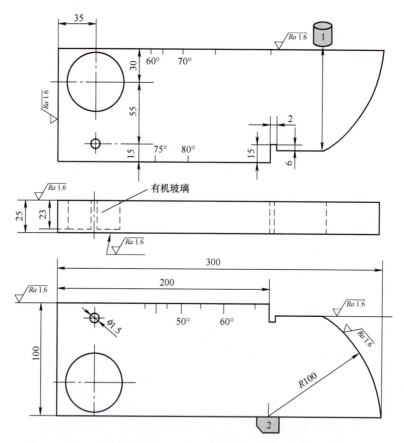

图 2-34 ⅡW1 试块结构尺寸

2. ⅡW2 试块

ⅡW2 试块的主要用途：如图 2-35 所示，在试块上标注的位置上调整斜探头的声速校准，测量入射点和折射角，以及调整仪器的水平线性、垂直线性和动态范围。

ⅡW2 试块反射回波特点：利用ⅡW2 试块调整横波扫查范围和扫查速度时，如

图 2-36 所示，当斜探头对准 R25mm 时，R25mm 反射回波一部分被接收，屏幕显示 B1 反射回波，另一部分反射到 R50mm 圆弧面，然后返回探头，这时探头却接收不到反射信号，仪器屏幕上没有 B2 反射回波，当反射信号再次经过 R25mm 返回到探头时才被接收，这时屏幕显示反射回波 B2，

B2 和 B1 的间距为 R25mm+R50mm，而不是 R50mm。以后各次反射回波间距均为 R25mm+R50mm。

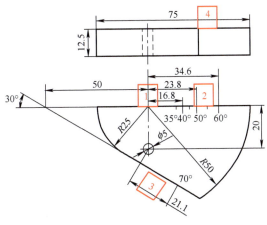

图 2-35　ⅡW2 试块结构尺寸

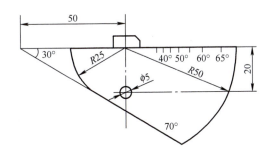

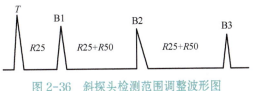

图 2-36　斜探头检测范围调整波形图

3. CSK-ⅠA 试块

CSK-ⅠA 试块与ⅡW1 试块不同之处：

1）将直径 φ50mm 孔改进为 φ50mm、φ44mm、φ40mm 台阶孔，用来测量斜探头分辨力。

2）将 R100mm 圆弧面改进为 R50mm、R100mm 阶梯圆弧面，用来调整横波探头扫查范围和扫查速度。

3）将试块上标定的折射角改为 K 值标注，以适合国产探头 K 值标注，使得能够在试块上相对应的 K 值处直接测量。

CSK-ⅠA 试块功能等同于ⅡW1 试块，材质一般同被检工件。

其结构及尺寸如图 2-37 所示。

4. CSK-ⅡA-1 试块

CSK-ⅡA-1 试块材质与被检工件相同和相似（图 2-38），主要用途为：确定直探头和斜探头灵敏度距离 - 波高曲线，调整直探头和斜探头扫查速度和零点偏移，测量斜探头的入射点和折射角。

5. CS-1 试块和 CS-2 试块

CS-1 试块和 CS-2 试块主要用途如下：制作纵波平底孔实用 AVG 曲线和 DAC 曲线；调整探伤灵敏度、缺陷定量，利用平底孔和大平底，多为 3 倍近场区以内的缺陷定量；校准水平线性、垂直线性和动态范围。

CS-1（CS-2）试块结构尺寸如图 2-39 所示。

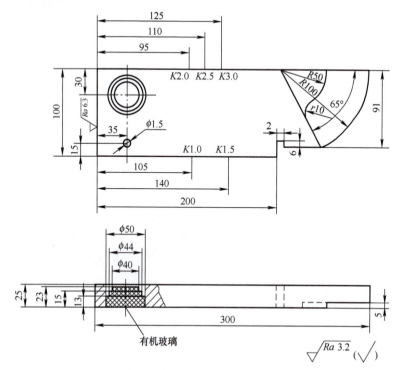

图 2-37　CSK-ⅠA 试块

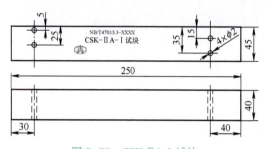

图 2-38　CSK-ⅡA-1 试块

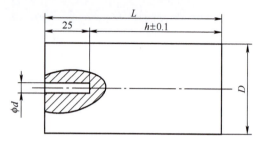

图 2-39　CS-1（CS-2）试块结构尺寸

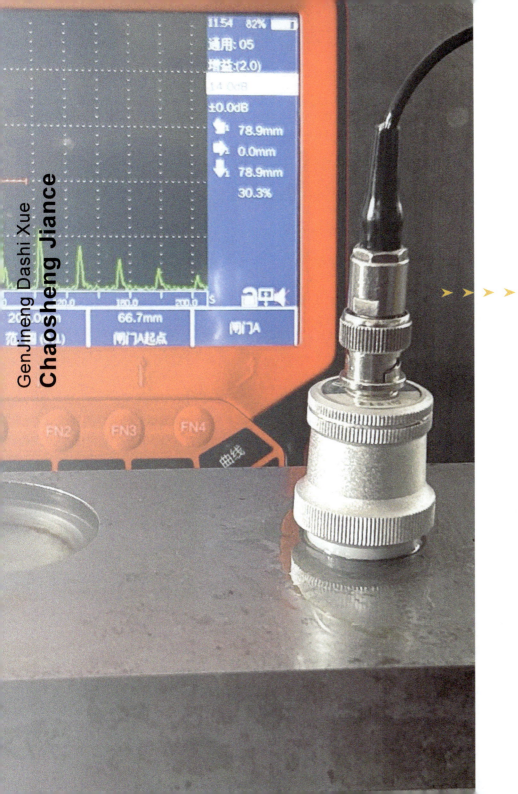

GenJineng Dashi Xue
Chaosheng Jiance

3

探伤仪和探头性能测试

3.1 直探头扫描速度和探头零点校准方法

超声检测工作开始前，需要根据探头和被测工件的情况来校准仪器的声速、声程及探头零点，以适应探伤条件。数字化超声波探伤仪状态行所显示参数的计算都是与声速和探头零点相关的，声速和探头零点校准非常的重要，校准后才能够对缺陷的定位和定量准确地进行判断、评价。

3.1.1 直探头校准（单晶探头）

1. 测试前准备

单晶直探头声速和探头零点校准所需设备如图3-1所示。

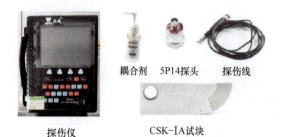

耦合剂   5P14探头   探伤线

探伤仪   CSK-IA试块

图 3-1　直探头声速校准设备

2. 探头参数设置

按探伤仪"参数"键进入"参数设置"菜单，设置探头类型、探头频率和探头直径，设置完成后按"确认"键（图3-2）。

探伤参数

当前增益	22.6	dB
通　道	通用10	
材料声速	5940	m/s
工件厚度	200.0	mm
距离坐标	H	
探头类型	直探头	
探头频率	5.00	MHz
探头K值	0.00	
探头角度	0.0	
探头规格	Φ14	
探头前沿	0.0	mm
评　定	0	dB

图 3-2　直探头参数设置

3. 校准步骤

校准方法分为已知材料声速校准法和未知材料声速校准法两种。对于未知材料声速，应先进行声速校准；对于已知材料声速，直接调节声速为已知声速后用一点法进行探头零点校准。

已知材料声速校准法步骤：

1）材料声速设置为已知材料声速5940m/s。

2）把探头耦合到CSK-IA校准试块厚度100mm位置上，如图3-3所示。

3）把闸门移动到第一次底面反射回波位置，此时探伤仪显示零点偏移为0.28μs，实际声程为101.2mm，如图3-4所示。

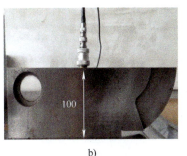

直探头
声速校准

a) b)

图 3-3　直探头声速校准

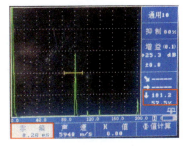

图 3-4　校准前波形

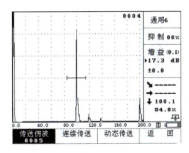

图 3-5　校准后波形图

4）调节探头零点，使得第一次底面反射回波的水平扫描位置与试块的已知厚度相同，都为 100mm，此时所得到的探头零点就是该探头的准确探头零点，如图 3-5 所示。

未知材料声速校准法步骤：

1）将探头耦合放置于与被测材料相同的 CSK-ⅠA 试块上厚度 100mm 位置上（图 3-3）。

2）按探伤仪"校准"键，设置接近的材料声速为 5940m/s，输入一次回波距离为 100mm，二次回波距离为 200mm，如图 3-6 所示。

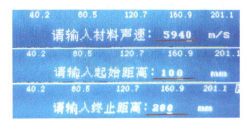

图 3-6　参数设置

3）调节探头零点，此时探伤仪显示零偏数为 0.20μs，使第一次底面回波显示在第五格上，第二次回波显示在第十格上，这样声程比例为 1:2，如图 3-7 所示。

4）调节自动增益，使第一次回波高度

为满屏的 80%，按"确认"键，零点和声速调校完成，探伤仪显示零点偏移 0.66μs，声速为 5937m/s，如图 3-8 所示。

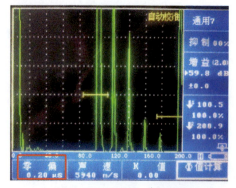

图 3-7　未知材料声速校准前

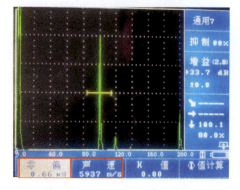

图 3-8　未知材料声速校准后

3.1.2　直探头校准（双晶探头）

1. 测试前准备

双晶探头声速和探头零点校准所需设备如图 3-9 所示。

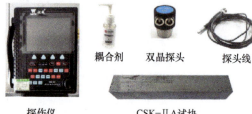

耦合剂　　双晶探头　　探头线

探伤仪　　　　CSK-ⅡA试块

图 3-9　双晶探头校准设备

2. 探头参数设置

按探伤仪参数键进入参数设置菜单，设置探头类型、探头频率和探头折射角度，设置完成后按"确认"键，如图 3-10 所示。

注意：设置时探头类型一定要修改为双晶模式，在设置时直探头和斜探头都是单晶模式，仪器设置默认单晶模式，在使用双晶探头时，相关设置很容易漏掉。

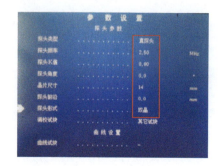

图 3-10　双晶探头参数设置

3. 校准步骤

采用 CSK-ⅡA 试块和 2.5P14FG20 直探头测试仪器水平线性的步骤：

1）连接探头和探伤仪，如图 3-11 所示，将两条探头线分别连接到探伤仪和探头的发射接头和接收接头。

图 3-11　仪器和探头连接

小技巧：如何快速验证探头线连接正确？

探头线和仪器、探头在连接过程中，一定要注意双晶探头是一发一接，连接探头发射接头线和探伤仪发射接头相连，接收接头和探伤仪接收端相连接，连接错误会造成校准结果误差大，影响试件检测结果，产生误判和漏检。

快速验证连接线是否接好的方法是，探头和探伤仪连接好后，将探头放在耳边（图 3-12），听探头是不是发出"滋滋"声音：如果没有听到声音，证明探头线连接正确；如果听到声音证明探头线接反，及时转换过来就可以正常使用。

2）探头连接正确后，将探头放在 CSK-ⅡA 试块深度为 40mm 的表面上，如图 3-13 所示。

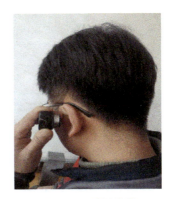

图 3-12　验证方法

图 3-13　双晶探头校准示意图

3）按探伤仪校准按钮，如图 3-14 所示依次输入：试块材料声速 5940m/s，试块一次底面回波深度 40mm，二次底面回波深度 80mm，设置完成后，按"确认"键进入主界面。

4）调整零偏：探伤仪检测范围 80mm 内，如图 3-15 所示，探伤仪显示零偏 0.21μs，在探伤仪水平位置 40mm 没有试块底面回波显示，如图 3-16 所示，调整零偏数值为 8.85μs，试块第一、二次回波接近所设 40mm、80mm 位置出现。

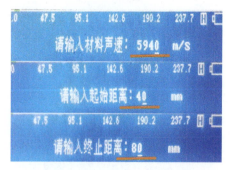

图 3-14　设置参数

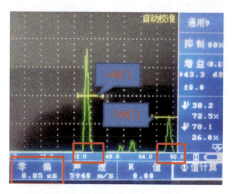

图 3-16　零点偏移粗调状态

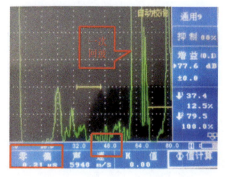

图 3-15　零点偏移初始状态

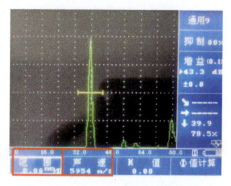

图 3-17　校准后状态

5）移动闸门 A 的起点到一次回波并与其相交，闸门 A 只能和一次波相交，不能与二次波相交。

6）移动闸门 B 的起点到一次回波并与其相交，闸门 B 只能和一次波相交，不能与二次波相交。

7）调整完成后，按探伤仪"确认"键，探伤仪显示零点偏移为 8μs，声速为 5954m/s，双晶探头声速和零偏校准完成，如图 3-17 所示。

技能大师经验谈：在探伤仪声速和零点校准时，经常会出现一个奇怪的现象，参数设置如图 3-2、图 3-10 等，一次波声程为一次一倍板厚，二次波声程为两倍板厚，按"确认"键进入探伤主界面，如图 3-15 所示。在水平扫查时基线上一倍板厚和二倍板厚位置上没有出现相对应的一次反射回波和二次反射回波显示，有时探伤仪屏幕上没有任何反射波形。

遇到这种现象采用两步法解决：

第一步：先看探伤仪的增益是不是很低，调节探伤仪旋钮增加增益，底面反射回波就会出现，如图3-18所示。

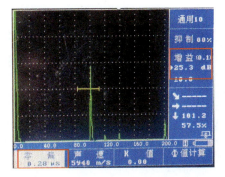

图3-18　增加增益值

第二步：探伤仪的增益很高时，还是没有反射回波出现，这时再查看零点偏移数值是不是很小，如图3-19所示，将第一次底面回波和第二次底面回波调整到探伤仪水平扫描时的基线，如40mm、80mm附近，等底面回波都出现时，再按操作步骤进行校准。

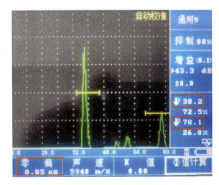

图3-19　增加零偏值

3.2　斜探头扫描声速和探头零点校准方法

斜探头超声检测中发现的缺陷位置是由探头的折射角和声程来确定的，也可以通过计算缺陷的水平距离和深度来确定，如图3-20所示。

模拟超声波探伤仪扫查速度的调节方法有声程调节法、水平调节法和深度调节法。

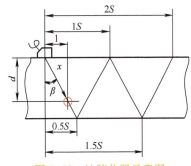

图3-20　缺陷位置示意图

S—声程

⊙ 3.2.1 声程调节法

声程调节法是使仪器屏幕上水平扫描显示与声程成一定比例，即 1:n。当检测时探伤仪屏幕上水平时基线直接显示缺陷的声程。

1. 测试前准备

斜探头声速和探头零点校准所需设备如图 3-21 所示。

斜探头
声速校准

2.5P9×9探头

耦合剂

探伤仪　　探头线

ⅡW1试块

半圆试块

CSK-ⅠA试块

ⅡW2试块

图 3-21　斜探头校准设备

2. 探头参数设置

按探伤仪"参数"键进入"参数设置"菜单，设置探头类型、探头频率及探头相关参数，如图 3-22 所示，设置完成后按"确认"键。

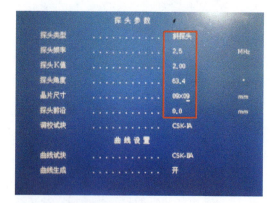

图 3-22　斜探头参数设置

3. 校准步骤

下面介绍如何利用 ⅡW1、ⅡW2、CSK-ⅠA 和半圆试块四种试块进行仪器和探头校准。

（1）CSK-ⅠA 试块校准法

1）按仪器面板上"自动校准"键，输入钢横波声速 3230m/s，输入第一次波声程 50mm，第二次波声程 100mm。

2）调节零偏，使 100mm 圆弧面反射波至水平刻度 10 格上。

3）如图 3-23 所示，将探头放在试块上并移动，使得 R100mm 圆弧面的反射体回波达到最高，调节增益，使 R100mm 圆弧

面反射回波高为满刻度的 80%,横向平移探头使 R50mm 弧面反射回波高大于满刻度的 20%。

4) 按探伤仪面板上"确定"键,探伤仪上显示的声速和零点数值即为校准后的声速和探头零点数值。

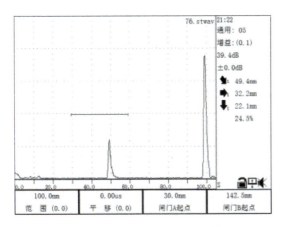

图 3-23 CSK-IA 试块校准法

（2） Ⅱ W1 试块校准法　在使用 Ⅱ W1 试块校准时,由于 R100mm 圆心位置没有切槽,用斜探头测试时探伤仪屏幕上没有 R100mm 多次反射回波,因此不能用 R100mm 圆弧面调节扫描声速校准。

小技巧：如何利用直探头在 Ⅱ W1 试块上校准扫描声速?

方法如下:

1) 按探伤仪面板上"自动校准"键,输入钢纵波声速 5900m/s,输入第一次波声程 91mm,第二次波声程 182mm。

2) 如图 3-24 所示,将直探头放置在 Ⅱ W1 试块 A 面,左右移动探头找到试块 91mm 平面的发射回波,调节扫描仪零偏,使第一次反射回波对准扫描仪水平刻度 50 位置,第二次底面回波对准扫描仪水平刻度 100 位置,这时声程 1:1 扫描声速校准完成。

3) 如图 3-25 所示,将探头换成斜探头,设置参数变为斜探头参数,对准 R100mm 圆弧面,找到反射回波最高点,调节零偏,使 R100mm 圆弧面反射回波 B1 至 100 位置上,这时零偏校准完成。

（3） Ⅱ W2 试块校准法

1) 按探伤仪面板上"自动校准"键,输入钢横波声速 3230m/s,输入第一次波声程 25mm,第二次波声程 100mm。

2) 调节零偏,使 R25mm 反射回波

3 探伤仪和探头性能测试

位于 2.5 格，R50mm 反射回波位于 10 格上。

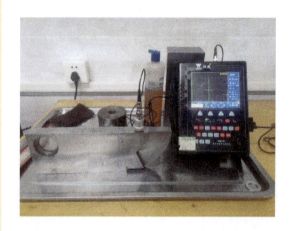

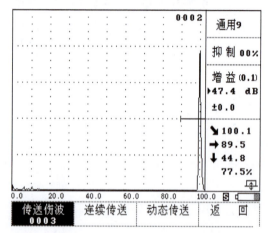

图 3-25　斜探头零点偏移调整

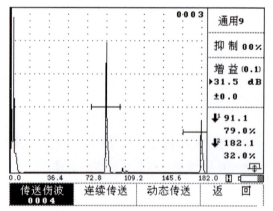

图 3-24　直探头扫描声速校准

3）如图 3-26 所示，将探头放在试块上并移动，使 R25mm 圆弧面的反射体回波达到最高，调节增益，使反射回波高为满刻度的 80%。

4）ⅡW2 试块从 R25mm 和 R50mm 不同弧面扫查，各反射回波出现在探伤仪屏幕上的水平位置和间距不同，当探头对准 R25mm 圆弧面时，各反射回波间距为 25mm、75mm、75mm……当探头对准 R50mm 圆弧面时，各反射回波间距为 50mm、100mm、100mm······见 2.4.4 节 ⅡW2 试块应用。

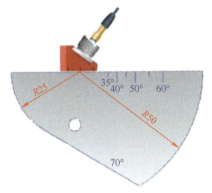

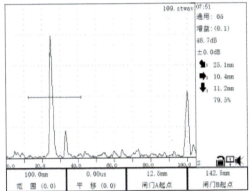

图 3-26 ⅡW2 试块校准法示意图

5）将 R50mm 圆弧面反射回波调至波高大于 20% 满刻度。

6）按探伤仪面板上"确定"键，探伤仪上显示的声速和零点数值即为校准后的声速和探头零点数值。

（4）半圆试块校准法

1）按探伤仪面板上"自动校准"键，

输入钢横波声速 3230m/s，输入第一次波声程 50mm，第二次波声程 150mm。

2）调节零偏，使 R50mm 圆弧面反射回波 B1 位于 2.5 格，B2 反射回波位于 7.5 格上。

3）如图 3-27 所示，将探头放在试块上并移动，使 R50mm 圆弧面的反射体回波达到最高，调节增益，使 B1 反射波高为满刻度的 80%，B2 反射回波波高大于 20% 满刻度。

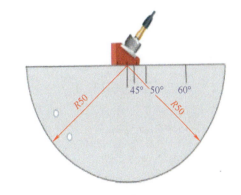

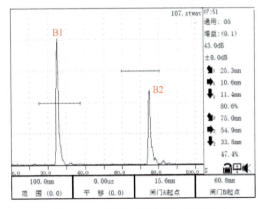

图 3-27 半圆试块校准法示意图

在半圆试块对准 R50mm 圆弧面时，各反射体之间间距是 50mm、100mm、100mm……

4）按探伤仪面板上"确定"键，探伤仪上显示的声速和零点数值即为校准后的声速和探头零点数值。

技能大师经验谈： 在焊缝的横波检测中，通常对较薄的焊缝采用水平定位以便较快地判断缺陷是否在焊缝中，而对于较厚的焊缝则常采用深度定位，以便较快地判断缺陷在焊缝中的埋藏深度位置。

3.2.2 水平调节法

水平调节法是使探伤仪屏幕上水平扫描显示与反射体水平距离成一定比例，即 1:n。检测时探伤仪屏幕上水平时基线直接显示缺陷水平投影距离。此方法多用于薄板焊缝检测。

在 CSK-ⅠA 试块上进行水平 1:1 调节，以 K2 探头为例：

首先，计算 R50mm 和 R100mm 圆弧面对应的水平距离 l_1、l_2

$$\begin{cases} l_1 = \dfrac{50K}{\sqrt{1+K^2}} \\ l_2 = \dfrac{100K}{\sqrt{1+K^2}} = 2l_1 \end{cases} \quad (3-1)$$

式中 K——斜探头的 K 值（实测值）。

已知 K = 2，通过式（3-1）计算的 l_1 =

44.7mm，l_2 = 89.4mm。

然后，如图 3-23 所示，将探头放置在 CSK-ⅠA 试块上，反复调节深度细调、延迟旋钮，使 R50mm、R100mm 圆弧面的反射回波分别对准探伤仪水平刻度 44.7、89.2，此时水平距离 1:1 扫查速度调节完成，如图 3-28 所示。

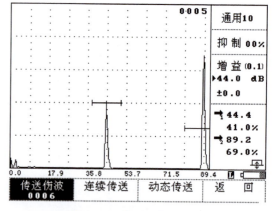

图 3-28 水平调节示意图

3.2.3 深度调节法

深度调节法是使探伤仪屏幕上水平扫描显示与反射体深度成一定比例，即 1:n。检测时探伤仪屏幕上水平时基线直接显示缺陷深度距离。此方法多用于厚板焊缝检测。

以 K2 探头为例，在 CSK-ⅠA 试块上进行深度 1:1 调节，

首先，计算 R50mm 和 R100mm 圆弧面对应的深度距离 d_1、d_2

$$d_1 = \frac{50}{\sqrt{1+K^2}}$$

$$d_2 = \frac{100}{\sqrt{1+K^2}} = 2d_1 \qquad (3\text{-}2)$$

式中　K——斜探头的 K 值（实测值）。

已知 $K = 2$，通过式（3-1）计算的 $l_1 = 22.4\text{mm}$，$l_2 = 44.7\text{mm}$。

然后，如图 3-23 所示，将探头放置在 CSK-ⅠA 试块上，反复调节深度细调、延迟旋钮，使 $R50\text{mm}$、$R100\text{mm}$ 圆弧面的反射回波分别对准探伤仪水平刻度 22.4、44.5，

此时深度距离 1∶1 扫查速度调节完成，如图 3-29 所示。

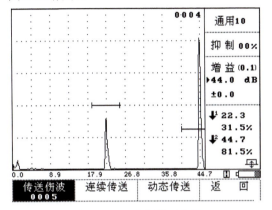

图 3-29　深度调节示意图

3.3 探伤仪的性能测试

超声波探伤仪的性能是评判产品优劣的重要参考因素，对探伤仪和探头性能测试统一的测试标准见表 3-1，探伤仪和探头的性能分为探伤仪的性能、探头的性能及探伤仪与探头的综合性能。

探伤仪的主要性能包括水平线性、垂直线性、动态范围和信噪比等性能。下面介绍这几种性能的测试方法、要点和注意事项。

表 3-1　探头仪器综合性能测试指标

主要性能	水平线性	垂直线性	动态范围	灵敏度余量	分辨力	盲区 5MHz
仪器和探头	≤ 1%	≤ 5%	≥ 26dB	≥ 32dB	≥ 20dB	≤ 10
主要性能	折射角	分辨力	入射点	灵敏度余量	盲区 2.5MHz	
斜探头	≤ ±2°	≥ 12dB	≤ ±1	≥ 42dB	≤ 15	

⊚ 3.3.1 水平线性测试

水平线性是指探伤仪屏幕上显示的反射回波距离与反射体实际距离成正比的程度，主要体现探伤仪定位的准确度，水平线性越好，缺陷定位越准确。

1. 测试前准备

准备水平线性测试所需设备，如图3-30所示。

2. 用CSK-IA试块和5P14直探头测试仪器水平线性的步骤

超声波探伤仪水平线性测试方法有五次波法和六次波法。

（1）五次波测试法

1）如图3-31所示，用探头线将探伤仪和探头连接，连接时注意探头线长口对准探伤仪和探头凸台，插入后向右旋转锁紧。

2）打开探伤仪，按"参数"键进入"参数"设置界面，如图3-32所示，设置探头类型、探头频率、探头直径，设置完成后按"确认"键。按"返回"键进入探伤界面。

3）探伤仪零点和声速校准后（见探伤仪声速校准），如图3-33所示，将探头放置在CSK-IA试块25mm厚度一侧面上。

探头线　　　　耦合剂

探伤仪　　　5P14直探头　　　CSK-IA试块

仪器
水平线性

图3-30　水平线性测试所需设备

图3-31　探伤仪和探头连接

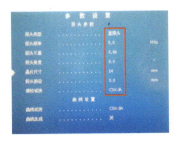

图 3-32　参数设置

80%，同时调节闸门，移到闸门分别框住 25.00mm 厚板的五次底面反射波，并通过探伤仪屏幕右方"回波深度"参数读取每次底面反射波的回波声程数值，如图 3-34 中红色下画线所标注的。

图 3-33　水平线性测试

4）调节范围至 125mm，使探伤仪屏幕上显示出 25.00mm 厚板的五次底面反射波，使 B1 对准 2 格，B5 对准 10 格。

5）调节增益，分别将 25.00mm 厚板的五次底面反射波波高调节到满刻度的

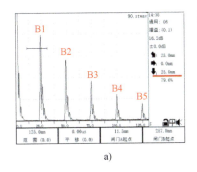

a)

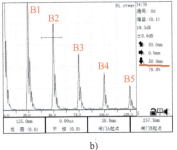

b)

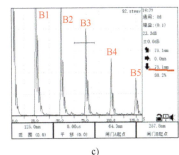

c)

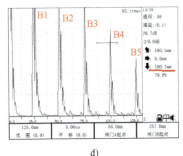

d)

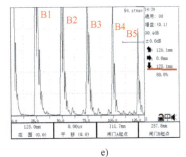

e)

图 3-34　五次波法测试波形图

6）将每次底面反射波的回波声程数值与理论值的误差值记录到水平线性五次波法测试记录表 3-2 中，然后取最大误差值 L_{max}，水平线性误差 ΔL 按下式计算

$$\Delta L = \frac{L_{max}}{125} \times 100\% = \frac{0.1}{125} = 0.08\%$$

此仪器水平线性为 0.08%。

表 3-2　水平线性五次波法测试记录表

（单位：mm）

反射波次数	B1	B2	B3	B4	B5
理论值	25	50	75	100	125
实测值	25	50	75.1	100.1	125.1
误差值	0	0	0.1	0.1	0.1

（2）六次波测试法

1）如图 3-33 所示，将探头放置在 CSK-ⅠA 试块 25mm 厚度一侧面上。

2）调节范围至 150mm，使探伤仪屏幕上显示出 25.00mm 厚板的六次底面反射波，使 B1 对准 0 格，B6 对准 10 格，如图 3-35a 所示。

3）调节增益，分别将 25.00mm 厚板的六次底面反射波波高调节到满刻度的 80%，同时调节闸门，移到闸门分别框住 25.00mm 厚板的六次底面反射波，并通过探伤仪屏幕下方"回波深度"参数读取每次底面反射波的回波声程数值，如图 3-35 所示。

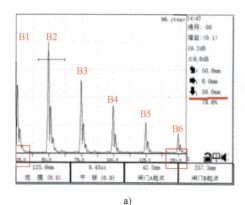 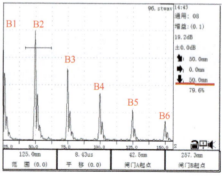

a)　　　　　　　　b)

图 3-35　六次波法测试波形图

3

探伤仪和探头性能测试

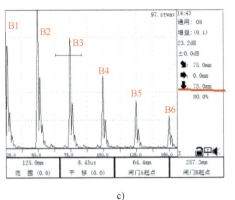

c)

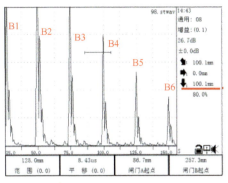

d)

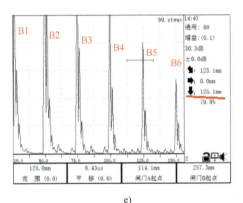

e)

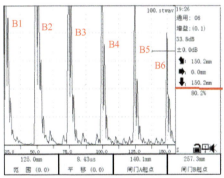

f)

图 3-35　六次波法测试波形图（续）

4）将每次底面反射波的回波声程数值与理论值的误差值记录到水平线性六次波法误差记录表中（表 3-3），然后取 B1 ~ B6 六次底面回波最大误差值 L_{max}，水平线性误差 ΔL 按下式计算得到此仪器水平线性为 0.2%。

$$\Delta L = \frac{L_{max}}{150} \times 100\% = \frac{0.3}{150} \times 100\% = 0.2\%$$

表 3-3　水平线性六次波法误差记录表

（单位：mm）

反射波次数	B1	B2	B3	B4	B5	B6
理论值	25	50	75	100	125	150
实测值	25.3	50	75	100.1	125.1	150.2
误差值	0.3	0	0	0.1	0.1	0.2

45

3.3.2 垂直线性测试

垂直线性是测量超声检测系统在规定检测灵敏度下，超声波探伤仪的接收信号与示波器屏幕所显示的反射波波高之间能按比例方式显示的能力。体现了缺陷定量的准确度，垂直线性越好，判定缺陷大小能力越强。

1. 测试前准备

准备垂直线性测试所需设备，如图 3-36 所示。

2. 用 CSK-IA 试块和 5P14 直探头测试探伤仪垂直线性的步骤

1）第一步连接探伤仪和探头和第二步设置参数水平线性如图 3-31、图 3-33 所示。

2）探伤仪零点和声速校准后（见探伤仪声速校准），如图 3-37 所示，并用压块将直探头置于标准试块 Z20-2 的端面上。

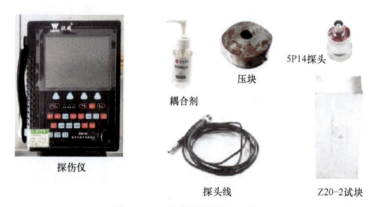

图 3-36　垂直线性测试设备

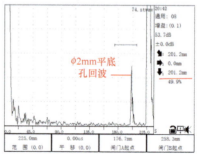

φ2mm平底孔回波

图 3-37　垂直线性测试示意图

3）调节范围为 225mm，使屏幕上显示出 200mm 处的 ϕ2mm 平底孔的反射波和底面反射波。移动探头找到 ϕ2mm 平底孔最高反射波。

4）如图 3-38 所示，调节闸门移位，移动闸门并框住 ϕ2mm 平底孔的反射波，调节增益使 ϕ2mm 平底孔的反射波波高达到探伤仪屏幕垂直方向满刻度的 100%。

操作技巧：此时探伤仪显示灵敏度余量必须大于 30dB，如果不够继续从头开始测量，直至大于 30dB 为止。

5）调节增益，逐次对 ϕ2mm 平底孔反射波进行衰减，每次衰减量为 2dB，直至衰减量为 26dB。

6）将每次衰减后的反射波波高读数，记录于垂直线性测试记录表 3-4 中。

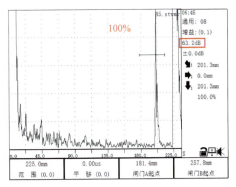
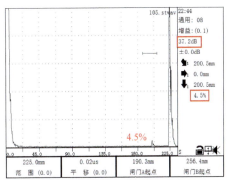

a)   b)

图 3-38　垂直线性测试波幅示意图

表 3-4　垂直线性测试记录表

衰减量 /dB	理论值（%）	实测值（%）	误差值（%）	衰减量 /dB	理论值（%）	实测值（%）	误差值（%）
2	100	99.8	-0.2	16	15.8	14.8	-1
4	79.4	80.1	0.7	18	12.5	11.7	-0.8
6	63.1	63.6	0.5	20	10	9.4	-0.6
8	50.1	50.2	0.1	22	7.9	7.1	-0.8
10	39.8	39.1	-0.7	24	6.3	5.5	-0.8
11	31.6	31.3	-0.3	26	5	4.5	-0.5
12	25.1	24.2	-0.9	28			

7) 取表 3-4 中实测值与理论值最大正偏差 $a(+)$ 和最大负偏差 $a(-)$ 的绝对值之和为垂直线性误差 Δa。即

$$\Delta a = |a(+)| + |a(-)| = 0.7\% + 1\% = 1.7\%$$

此探伤仪垂直线性为 1.7%，比标准要求的 5% 小，合格。

▶ 3.3.3 动态范围测试

动态范围测试是测量超声检测系统在规定检测灵敏度下，超声波探伤仪示波屏上能分辨的最大反射面积与最小反射面积波高之比，通常以分贝（dB）表示。

1. 测试前准备

准备动态范围测试所需设备，如图 3-39 所示。

2. 探头参数设置

按探伤仪"参数"键进入"参数设置"菜单，设置探头类型、探头频率、探头直径如图 3-40 所示，设置完成后按"确认"键。

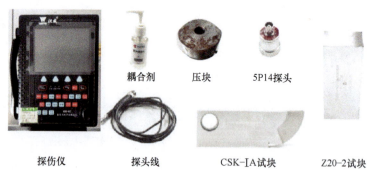

耦合剂　　压块　　5P14探头

探伤仪　　探头线　　CSK-IA试块　　Z20-2试块

图 3-39　动态范围测试所需设备

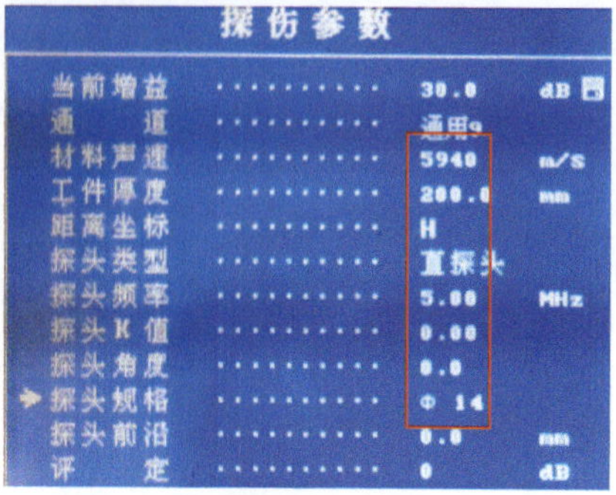

图 3-40　直探头参数设置

3. 探头零点校准

如图 3-41 所示，将探头放置在 CSK-IA 试块上，按"自动校准"键，输入一次回波距离为 100mm，二次回波距离为 200mm，调节自动增益使第一次反射回波高度为满刻度的 80%，按"确认"键，零点和声速校准完成。

4. 测试方法

1）如图 3-42a 所示，用探头线连接仪

器和直探头，并用压块将直探头放置于标准试块 Z20-2 的端面上，使探伤仪屏幕上显示出 200mm 处的 ϕ2mm 平底孔的反射波，移动探头找到 ϕ2mm 平底孔反射的最高波，如图 3-42b 所示。

2）调节增益，将 ϕ2mm 平底孔反射的最高波波高调至满刻度的 100%，如图 3-43a 所示，记下此时探伤仪衰减器的 dB 数 S_1。

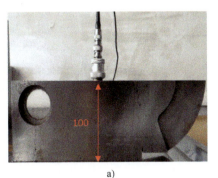

a)

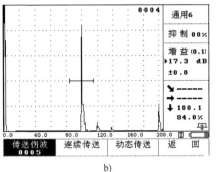

b)

图 3-41　零点和声速调校示意图

a)

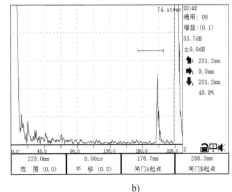

b)

图 3-42　ϕ2mm 平底孔波形示意图

3）调节增益，使 ϕ2mm 平底孔的反射波高度自垂直刻度的 100% 降至刚能辨认的最小值，如图 3-43b 所示，记下此时探伤仪衰减器的 dB 数 S_2。

4）则探伤仪在该探头所给定工作频率下的动态范围 ΔS 为

$$\Delta S = S_1 - S_2 = 63.2\text{dB} - 31.7\text{dB} = 31.5\text{dB}$$

计算的此探伤仪动态范围 31.5dB，符合 $\geqslant$ 26dB 的标准要求。

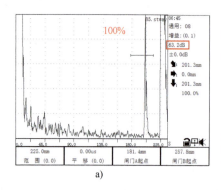
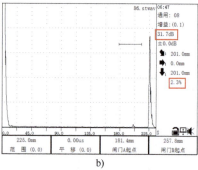

图 3-43　φ2mm 平底孔波高调节示意图

3.4　探伤仪和探头组合性能测试

　　探伤仪和探头组合综合性能包括：盲区、灵敏度余量、分辨力、信噪比。下面分别介绍这几种性能的测试方法、要点和注意事项。

3.4.1　盲区测试

　　盲区是指从探测面到能够发现缺陷的最小距离。盲区内的缺陷无法发现。始脉冲宽度是指在一定的灵敏度下，屏幕上反射波高超过垂直高度20%时的始脉冲延续长度。始脉冲宽度与灵敏度有关，灵敏度高，始脉冲宽度大。

　　1. 测试前准备

　　动态范围测试所需设备，如图3-44所示。

探伤仪

耦合剂　　5P14探头

CSK-IA试块

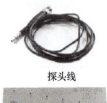
探头线

DZ-1试块

Z20-2试块

图 3-44　盲区测试所需设备

2. 探头参数设置

按探伤仪"参数"键进入"参数设置"菜单，设置探头类型为斜探头、探头频率为 5MHz、探头直径为 14mm，设置完成后按"确认"键。

3. 探头零点校准

如图 3-45 所示，将探头放置在 CSK-IA 试块上，按"自动校准"键，输入一次回波距离为 100mm，二次回波距离为 200mm，调节自动增益使第一次反射回波高度为满刻度的 80%，按"确认"键，零点和声速校准完成。

4. 盲区测试技巧

盲区测试方法有 CSK-IA 试块近似估计法和 DZ-1 试块测量法两种。

（1）CSK-IA 试块近似估计法测试步骤

1）检测灵敏度确定：将探头放置在 CS-1-5 型标准试块上，调节增益将 ϕ2mm 平底孔反射的最高波调整到满刻度的 50%，如图 3-46 所示。

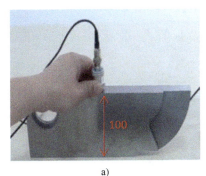
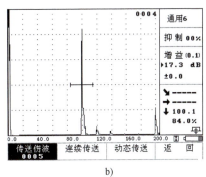

a)　　　　　　　　　　b)

图 3-45　零点校准示意图

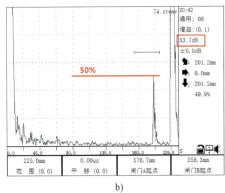

a)　　　　　　　　　　b)

图 3-46　灵敏度示意图

2）如图 3-47 所示，将探头放置在 CSK-IA 试块 φ50mm 孔弧顶 5mm 处，找到最高回波后，观察弧顶 5mm 处回波和始波波谷的高度，如果低于 10%，则该探头盲区小于 5mm。

3）如果波谷高度高于 10% 时，如

图 3-48 所示，将探头放置在 CSK-IA 试块 φ50mm 孔左侧弧顶 10mm 处，找到最高回波后，观察弧顶 10mm 回波和始波波谷的高度，如果低于 10%，则该探头盲区在 5～10mm，如果高于 10% 则该探头盲区大于 10mm。

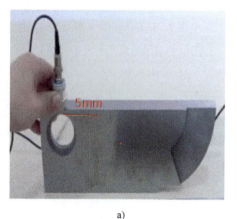

a)

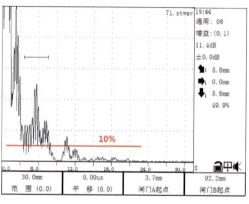

b)

图 3-47　5mm 盲区测试示意图

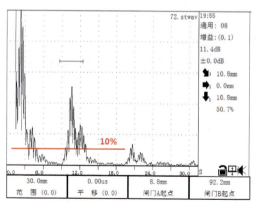

a)

b)

图 3-48　10mm 盲区测试示意图

（2）DZ-1 试块测量法步骤

1）探头零点调校完成后，调节探伤仪声程范围为 100mm。

2）如图 3-49 所示，将探头放置在 DZ-1 试块 6mm 横孔上方，找到 6mm 横孔最高反射回波为满刻度的 50% 以上，观察 6mm 横孔回波和始波之间的波谷高度是否低于 10%，如果是则该探头盲区小于 6mm。

3）如果 6mm 横孔回波和始波之间的波谷高度差高于 10%，则该探头盲区大于 6mm，采用上述相同的方法测量大于 6mm 以上的横通孔，找到该探头的盲区。

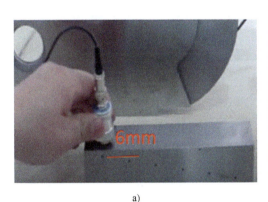

a)

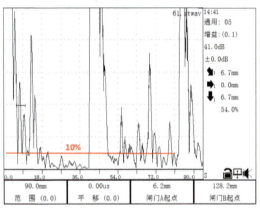

b)

图 3-49　DZ-1 试块盲区测试示意图

技能大师经验谈：盲区和近场区的区别：盲区是指从被检测面到能够发现缺陷的最短距离，即始脉冲宽度覆盖区距离；近场区是波的干涉出现的声压极大极小值的区域，从概念上看盲区是始脉冲宽度与探伤仪接收放大电路引起的，而近场区是波的干涉引起的。盲区内一般不能发现缺陷，而近场区内缺陷可以发现但对缺陷定量很难，声压处在极小值时大缺陷回波很弱，声压处在极大值时小缺陷回波很强，容易产生误判和漏检，应该尽量避免在近场区对缺陷定量。

3.4.2　直探头灵敏度余量测试

灵敏度余量是指测量探伤仪与探头组合后在规定检测灵敏度下，在一定的检测范围内发现微小缺陷的能力。即从一个规定测距孔径的人工试块上获得规定波高时探伤仪所保留的 dB 值，灵敏度余量大，说明探伤仪与探头的灵敏度高。

灵敏度余量的性能测试分为直探头灵敏度余量和斜探头灵敏度余量。下面介绍直探头灵敏度余量测试方法。

1. 测试前准备

直探头灵敏度余量测试所需设备，如图 3-50 所示。

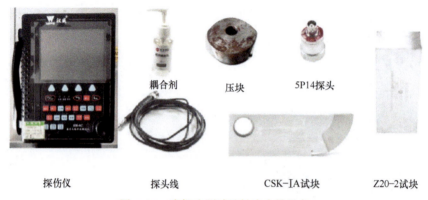

耦合剂　　　　压块　　　　5P14探头

探伤仪　　　　探头线　　　　CSK—IA试块　　　　Z20-2试块

图 3-50　直探头测试灵敏度余量设备

2. 探头参数设置

参数设置等同于直探头声速校准（图 3-3）。

3. 探头零点和声速调校

探头零点和声速调校同 3.1 节直探头声速和零点校准方法。

4. 测试方法

1）调节增益使探伤仪的电噪声电平等于满刻度的 10%，记下此时的 dB 值读数 S_0，如图 3-51 所示。

2）调节探伤仪范围至 250mm，然后连接好直探头、探头线、0.5kg 压块，如图 3-52 所示，在 Z20-2 型标准试块探测面涂抹润滑油，将探头置于试块的探测面上。

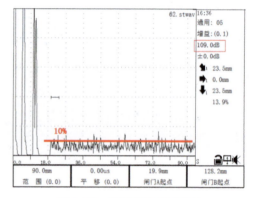

图 3-51　空载电噪声示意图

3）移动探头，找出 Z20-2 型标准试块上 ϕ2mm 平底孔反射的最高波，调节增益将 ϕ2mm 平底孔反射的最高波调整到满刻度的 50%，记下此时的 dB 值读数 S_1，如

图 3-53 所示。根据公式计算得

$$S = S_0 - S_1 = 109dB - 53.7dB = 56.3dB$$

则该探伤仪和探头的灵敏度余量为 56.3dB，符合 ≥ 32dB 的标准要求。

3.4.3 斜探头灵敏度余量测试

1. 测试前准备

斜探头灵敏度余量测试所需设备，如图 3-54 所示。

图 3-52　灵敏度余量测试

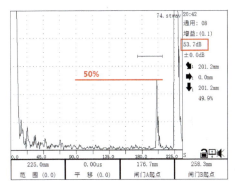

图 3-53　ϕ2mm 平底孔反射波

探伤仪

2.5P9×9探头

探头线

耦合剂

CSK-ⅠA试块

图 3-54　斜探头灵敏度余量测试所需设备

2. 探头参数设置

按探伤仪"参数"键进入"参数设置"菜单，设置探头类型、探头频率、探头参数如图3-55所示，设置完成后按"确认"键。

图 3-55　斜探头参数设置

3. 探头零点校准

如图3-56所示，将探头放置在CSK-IA试块上，按"自动校准"键，将探头放在试块上并移动，使得 $R100mm$ 圆弧面的反射体回波达到最高，调节增益，使 $R100mm$ 圆弧面反射波波高为满刻度的80%，横向平移探头使 $R50mm$ 圆弧面反射回波波高大于20%满刻度，按"确认"键，零点和声速校准完成。

4. 测试步骤

1）调节增益将探伤仪的增益调至最大，使探伤仪的电噪声电平等于满刻度的10%，记下此时的 dB 值读数 S_0（图3-51）。

2）如图3-57所示，将探头压在CSK-IA 型标准试块上，探测 $R100$ 圆弧面，探头耦合稳定并前后移动探头，使 $R100$ 圆弧面的一次反射波波高最高，将其衰减到满刻度的50%，衰减器的读数为 S_1，则斜探头灵敏度余量：$S = S_0 - S_1$。$S = 109dB - 34.2dB = 74.8dB$。

技能大师经验谈：探伤仪和直探头灵敏度余量应不小于32dB，探伤仪和斜探头灵敏度余量应不小于42dB。

a)

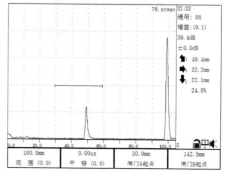

b)

图 3-56　斜探头零点和声速校准示意图

<table>
</table>

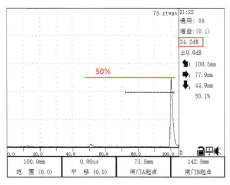

a)   b)

图 3-57　R100mm 反射波高示意图

3.4.4　直探头分辨力测试

探伤仪与探头的分辨力是指在屏幕上区分相邻两缺陷的能力。能区分的相邻两缺陷的距离越小，分辨力就越高。

1. 测试前准备

直探头分辨力测试所需设备，如图 3-58

所示。

2. 探头参数设置

按探伤仪"参数"键进入"参数设置"菜单，设置探头类型、探头频率、探头直径（图 3-2）设置完成后按"确认"键。

5P14探头

探头线

直探头的
分辨力

探伤仪　　　　　　耦合剂　　　　CSK-IA试块

图 3-58　直探头分辨力测试设备

3 探伤仪和探头性能测试

3. 探头零点校准

如图 3-59 所示, 将探头放置在 CSK-IA 试块上, 按"自动校准"键, 输入一次回波距离为 100mm, 二次回波距离为 200mm, 调节自动增益使第一次反射回波高度为满刻度的 80%, 按"确认"键零点和声速校准完成。

4. 测试步骤

1) 在 CSK-IA 型标准试块探测面涂抹润滑油, 将探头置于试块的探测面上(图 3-60a), 探测声程分别为 85mm 和 91mm 反射面的反射波。

2) 如图 3-60b 所示, 移动探头使 85mm 和 91mm 反射面的反射波回波高度相等, 调节增益使两波波高同时达到满刻度的 30%, 记下此时的灵敏度数值 H_1。

3) 如图 3-61 所示, 调节增益使能够区分两波的波谷达到满刻度的 30%, 记下此时的灵敏度数值 H_2。

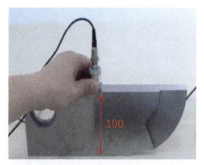

a)

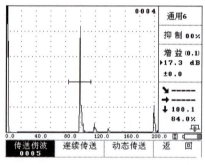

b)

图 3-59 零点和声速调校示意图

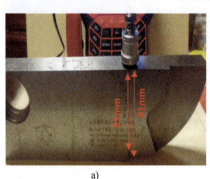

a)

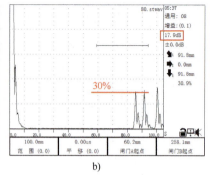

b)

图 3-60 直探头分辨力测试示意图

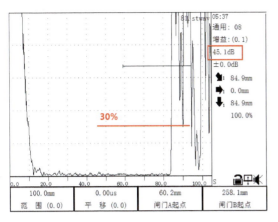

图 3-61　分辨力测试波谷示意图

4）该探头的分辨力 R 用下式计算直探头分辨力

$$R = H_2 - H_1 \text{(dB)}$$
$$R = 45.1\text{dB} - 17.9\text{dB} = 27.2\text{dB}$$

3.4.5　斜探头分辨力测试

1. 测试前准备

斜探头分辨力测试所需探伤仪和设备，如图 3-62 所示。

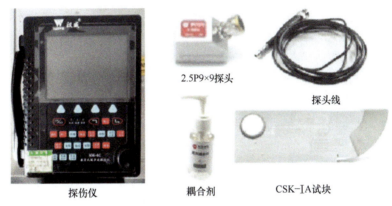

2.5P9×9探头

探头线

斜探头
分辨力

探伤仪

耦合剂

CSK－IA试块

图 3-62　斜探头测试设备

2. 探头参数设置

按探伤仪"参数"键进入"参数设置"菜单，设置探头类型为斜探头、探头频率 2.5MHz、探头晶片 9mm×9mm，设置完成后按"确认"键。

3. 探头零点校准

如图 3-63 所示，将探头放置在 CSK-ⅠA 试块上，按"自动校准"键，将探头移动，使得 R100mm 圆弧面的反射体回波达到最高，调节增益，使 R100mm 圆弧面反射波波高为满刻度的 80%，横向平移探头使 R50mm 圆弧面反射回波高大于 20% 满刻度，按"确认"键，零点和声速校准完成。

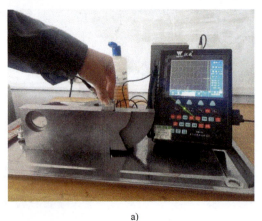

a)

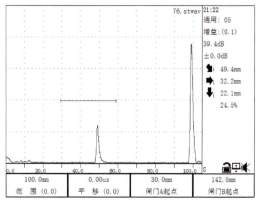

b)

图 3-63　斜探头零点和声速校准示意图

4. 测试步骤

1）如图 3-64 所示，将探头置于 CSK-IA 型试块上如图所示位置，耦合良好，移动探头使来自 $\phi50$mm 和 $\phi44$mm 两孔的回波高度相等，调节增益使两波波高同时达到满刻度的 30%，记下此时的灵敏度数值 H_1。

2）如图 3-65 所示，调节增益使能够区分两波的波谷达到满刻度的 30%，记下此时的灵敏度数值 H_2。

3）该探头的分辨力 R 用下式计算

$$R = H_2 - H_1 = 65.2\text{dB} - 51.2\text{dB} = 14\text{dB}$$

a)

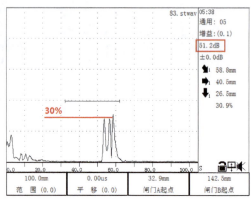

b)

图 3-64　斜探头分辨力测试示意图

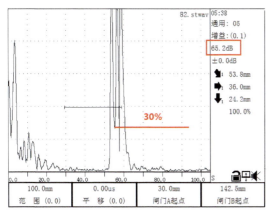

图 3-65　分辨力测试波谷示意图

技能大师经验谈：直探头的远场分辨力不小于 20dB，斜探头远场分辨力不小于 12dB。

3.4.6　信噪比测试

信噪比是指屏幕上有用的最小缺陷信号高度与无用的噪声杂波高度之比。信噪比高，杂波少，对探伤有利。信噪比太低，容易引起漏检或误判，严重时甚至无法进行探伤。

测试方法：打开探伤仪，连接探头时，调节增益使仪器的电噪声电平等于满刻度的 10%，此时的 dB 值读数 S 即为探伤仪信噪比，如图 3-66 所示。

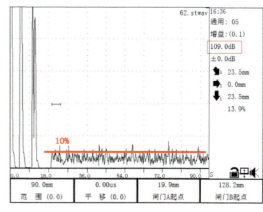

图 3-66　空载电噪声示意图

3.5　探头性能测试

探头性能主要包括入射点、K 值、声束偏移角和双峰。下面介绍这几种性能的测试方法、要点和注意事项。

3.5.1　探头标准试块上入射点测试

超声检测工作开始前，探伤仪声速和零点校准后测量探头的入射点，计算出入射点到探头前端的距离。前沿距离测量的精准度，直接影响了探头 K 值测量的准确性和探伤时缺陷的定位精度。

1. 测试前准备

斜探头入射点测试所需设备，如图 3-67

所示。

2. 探头参数设置

按探伤仪参数键进入"参数设置"菜单，设置探头类型为斜探头、探头频率2.5MHz、探头 K 值暂设为探头标称值 K2，参数设置完成后按"确认"键，返回测试主界面。

注意：在设置过程中探头接头形式一定设为单晶模式。

3. 校准步骤

（1）在 CSK-ⅠA 试块上测试

1）探头声速和零点校准后，将探头放置于 CSK-ⅠA 试块上，如图 3-68 所示，前后移动探头找到 R100mm 圆弧面反射的最高回波，确定最高回波位置后，调节增益使 R100mm 圆弧面反射回波的波高降至仪器满刻度的 80%。

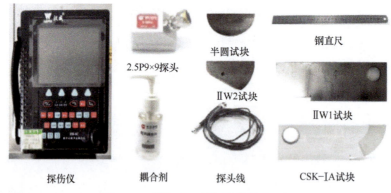

2.5P9×9探头　半圆试块　钢直尺　ⅡW2试块　ⅡW1试块　探伤仪　耦合剂　探头线　CSK-ⅠA试块

图 3-67　斜探头入射点测试所需设备

图 3-68　入射点测试

2）此时试块上圆心位置刻槽处所对应探头上的位置即为入射点。

3）如图 3-69 所示，用钢直尺测量试块前边缘到探头前端面的距离为 88mm，通过计算则探头前沿为 $L = 100mm - 88mm = 12mm$。

注意：为了保证测试结果的精准，需要按相同方法重复测量三次并取其平均值（精确到 0.5mm）得到探头前沿距离长度。

图 3-69　前沿距离测量

（2）在ⅡW1试块上测试　在ⅡW1试块上测试探头前沿距离方法和在CSK-IA试块上测试方法一样。

探头测量入射点时，探头前后移动时的正确操作方法如图3-70所示，探头和试块边缘保持平行。如图3-71所示，如果探头和试块边缘倾斜，这样测出来的就不是$R100mm$圆弧面最高点，是不正确的操作方法。

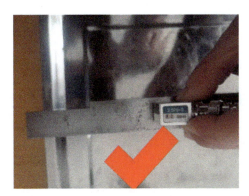

图 3-70　正确姿势

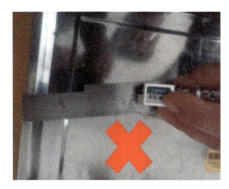

图 3-71　错误姿势

（3）在ⅡW2试块和半圆试块上测试　探头在ⅡW2或半圆试块上校准完成后，将斜探头放置在ⅡW2或半圆试块上，找到$R50mm$圆弧面最高点，按住探头用钢直尺量出探头前端至$R50mm$圆弧面边缘距离为38mm，如图3-72所示，探头前沿距离为$L_0 = 50mm - 38mm = 12mm$，为了保证测试结果精准需要按相同方法，重复测量三次并取其平均值（精确到0.5mm）以得到探头前沿距离长度。

技能大师经验谈：在CSK-IA试块上测量时，注意将探头放置在靠近$R100mm$圆弧面侧，用$R50mm$圆弧面测试结果误差大，尽量避免使用。前后移动探头时最好用双手夹持探头，这样测试结果较准确，另外注意要确实找到圆弧面的最大回波，一定要固定好探头和准确测量，按同样方法测试三次，最后取三次平均数值为探头的前沿距离。

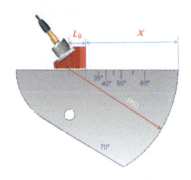

图 3-72　在ⅡW2试块上测量前沿距离示意图

3.5.2　斜探头标准试块上 K 值的测量

1. 测试前准备

斜探头 K 值测试所需设备，如图 3-73 所示。

2. 探头参数设置

按探伤仪"参数"键进入"参数设置"菜单，设置探头类型为斜探头、探头频率 2.5MHz、探头 K 值暂设为探头标称值 $K2$，参数设置完成后按"确认"键，返回测试主界面。

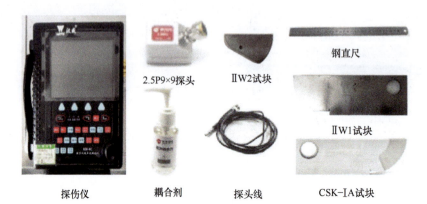

2.5P9×9探头　　ⅡW2试块　　　　钢直尺

探伤仪　　耦合剂　　探头线　　ⅡW1试块　CSK-ⅠA试块

图 3-73　K 值测试所需设备

在设置过程中，注意探头接头形式一定要设为单晶模式。

3. 校准步骤

下面介绍在ⅡW1、ⅡW2、CSK-ⅠA等三种试块上如何进行 K 值测量的方法。

（1）CSK-ⅠA 或ⅡW1 试块上测量 K 值方法

方法1：

1）设置测量基准参数。设置时测量孔直径为 $\phi50$mm，圆孔深度 30mm 指的是圆孔中心与试块顶面的深度为 30mm，声速默认为横波的速度 3240m/s。

2）如图 3-74 所示，将标称 K 值为 1.5 ~ 2.5 范围的斜探头应放置在①处进行测量。

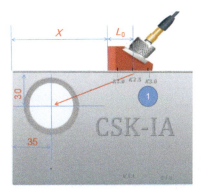

图 3-74　K 值 1.5 ~ 2.5 探头测量位置

3）前后移动探头找到 $\phi50$mm 有机玻璃圆弧面的最大回波时固定探头，用钢直尺量出试块边缘到探头前端面的距离 $X = 83$mm，如图 3-75 所示。注意：测量时探头靠近 $\phi50$mm 圆孔侧，如图 3-76 所示。

4）通过公式（3-3）计算得到 K 值

$$K = (X + L - 35)/30 \qquad (3-3)$$

式中　K——探头折射角正切值；

　　　X——为实测探头前端至试块边缘距离（mm）；

　　　L——为探头前沿距离（mm）。

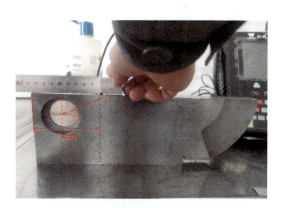

图 3-75　K 值为 1.5 ~ 2.5 尺寸测量

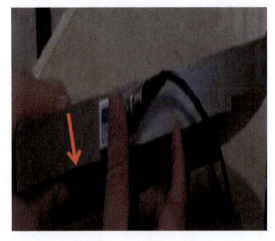

图 3-76　探头测量位置

方法 2：

1）设置测量基准参数。设置时测量孔直径为 $\phi50mm$，圆孔深度 70mm 指的是圆孔中心与试块顶面的深度为 70mm，声速默认为横波的速度 3240m/s。

2）如图 3-77 所示，对于标称 K 值 ≤ 1.5 的斜探头应放置在②处进行测量，前后移动探头找到 $\phi50mm$ 有机玻璃圆弧面的最大回波时固定探头，用钢直尺量出试块边缘到探头前端面的距离 $X = 93mm$。

3）通过式（3-4）计算得到 K 值

$$K = (X + L - 35)/70 \qquad (3\text{-}4)$$

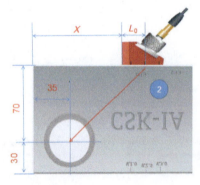
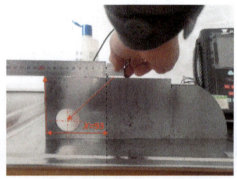

图 3-77　K 值 ≤ 1.5 的斜探头测量

方法 3：

1）设置测量基准参数。设置时测量孔直径为 $\phi1.5mm$，圆孔深度 15mm 指的是圆孔中心与试块顶面的深度为 15mm，声速默认为横波的速度 3240m/s。

2）如图 3-78 所示，对于标称 K 值 > 2.5

的斜探头应放置在③处进行测量，前后移动探头找到 $\phi50mm$ 有机玻璃圆弧面的最大回波时固定探头，用钢直尺量出试块边缘到探头前端面的距离 $X = 68mm$。

3）通过式（3-5）计算得到 K 值

$$K = (X + L - 35)/15 \qquad (3\text{-}5)$$

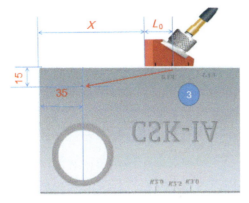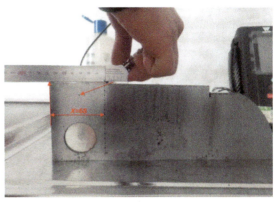

图 3-78　*K* 值 > 2.5 的斜探头测量

（2）ⅡW2 试块上测量 *K* 值方法　如图 3-79 所示，将在 ⅡW2 试块上校准好的探头，放置于试块上相对应的折射角度附近，前后移动探头，找到 ϕ5mm 横通孔的反射体的最高反射波回波，固定探头，用钢直尺量出试块边缘到探头前端面的距离 *X*。

适用于标称 *K* 值 1.5 ~ 2.5 范围的斜探头，通过式（3-6）计算得到 *K* 值

$$K = (X + L - 25)/20 \qquad (3\text{-}6)$$

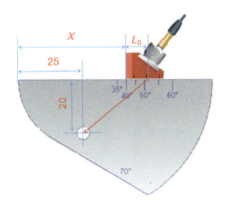

图 3-79　ⅡW2 试块上测量 *K* 值

技能大师经验谈：斜探头在标准试块上测量 K 值时，操作过程中要注意以下几点：

1）测量时一定要利用直径 $\phi50mm$ 的圆孔，要注意 CSK-ⅠA 试块有 $\phi40mm$、$\phi44mm$、$\phi50mm$ 三个不同直径的台阶孔，检测时注意一定要用 $\phi50mm$ 圆孔测量 K 值，用 $\phi40mm$、$\phi44mm$ 两孔测量出来的 K 值误差大，不能使用这两个孔测量 K 值。

2）设置时圆孔深度 30mm 指的是圆孔中心与试块顶面的距离为 30mm。如果要测量 K 值为 $K1$、$K1.5$，圆孔深度就要变为 70mm。如果测量的 K 值大于 $K2.5$ 深度变为 15mm，就是 $\phi1.5mm$ 孔径中心位置试块底面的距离 15mm，声速默认是横波的速度 3240m/s。

3）将 $K2.0$ 探头放置于试块上，放置时要注意整个探头要偏向 $\phi50mm$ 孔一侧。

4）测量斜探头 K 值要求：必须考虑到近场中声压不均匀的影响，在测量斜探头 K 值时，应至少在 2 倍近场长度以上的声程上进行。

3.5.3 斜探头对比试块上 K 值和前沿距离的测量

超声检测标准试块是由 45 钢制作，体积大、质量重，不便于携带，探头的前沿距离和 K 值校准在实验室内完成后携带探伤仪去现场检测工件，在工作中由于被检工件探测表面粗糙度差，使得探头磨损严重，会使探头的 K 值和前沿距离发生变化，使得得到的检测结果不准确，容易造成误判。

如果现场更换探头就要重新测试探头的 K 值和前沿距离，且现场只有 RB-2 或 CSK-ⅢA 等对比试块，如何在对比试块（RB-2）上测探头 K 值和前沿距离，具体方法如下：

1. 测试前准备

斜探头对比试块上测试探头水平距离和 K 值所需探伤仪和设备，如图 3-80 所示。

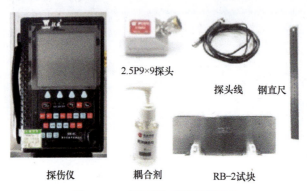

2.5P9×9探头   探头线   钢直尺

探伤仪   耦合剂   RB-2试块

图 3-80 对比试块测试所需设备

2. 探头参数设置

按探伤仪"参数"键进入"参数设置"菜单，设置探头类型为斜探头、探头频率 2.5MHz、探头 K 值暂设为探头标称值 $K2$，参数设置完成后按"确认"键，返回测试主界面。

3. 测试前沿距离

下面使用 2.5P9×9K2 斜探头，在 RB-2 对比试块上测试探头的前沿距离和 K 值，具体的方法是利用测量对比试块上不同深度横通孔反射体的最高点位置，即探头前端到对比试块边缘的数值，通过计算得到 L_0 即探头前沿距离。

1）如图 3-81 所示，将探头放置在 RB-2 试块上，前后移动探头，找到 H_1 距离，其等于 20mm 横通孔的最高回波，固定探头后，用钢直尺量得探头前端到试块边沿的距离 L_1 为 79mm。

2）如图 3-82 所示，将探头调转方向在试块另一端前后移动，找到 H_2 距离，其等于 40mm 横通孔的最高回波，固定探头后，用钢直尺量得探头前端到试块边沿的距离 L_2 为 119mm。

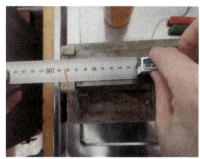

图 3-81　深度 20mm 横通孔水平距离测试

图 3-82　深度 40mm 横通孔水平距离测试

3）因为采用同一探头测量，探头 K 值不变，试块边缘到孔中心距离为 50mm。

4）根据三角函数公式得到公式（3-7）和公式（3-8）计算出探头前沿距离

$$K = (L_1 + L_0 - 50)/H_1 \qquad (3\text{-}7)$$

$$K = (L_2 + L_0 - 50)/H_2 \qquad (3\text{-}8)$$

由 $H_2 = 2H_1$ 得

$$L_0 = L_2 + 50 - 2L_1 \qquad (3\text{-}9)$$

式中　K——斜探头折射角的正切值；

L_0——探头前沿距离（mm）；

L_1——测量深度 20mm，$\phi 3 \sim \phi 40mm$ 横通孔探头前端至试块边缘的距离（mm）；

L_2——测量深度 40mm，$\phi 3 \sim \phi 40mm$ 横通孔探头前端至试块边缘的距离（mm）。

4. 测试探头 K 值

方法 1：由上述测试探头前沿距离方法可以通过式（3-9）计算得到 L_0 即探头前沿距离的值，将 L_0 的值代入式（3-7）或式（3-8）中，通过计算得到探头 K 值。

方法 2：如果未测出探头前沿距离 L_0，按上述测量探头前沿距离方法 1）和 2）步骤，得到 L_1 和 L_2 的值，由式（3-7）和式（3-8）得到：

$$K = (L_2 - L_1)/(H_2 - H_1) \qquad (3\text{-}10)$$

例题：采用一个斜探头在 RB-2 试块上，在深度 H_1 为 20mm 时，测得 L_1 为 79mm；在深度 H_2 为 40mm 时，测得 L_2 为 119mm，求斜探头的 K 值和前沿距离为多少？

解：$L_0 = L_2 + 50 - 2L_1 = (119 + 50 - 2 \times 79)mm = 11mm$

K 值可通过两种方式计算得到。

第一种：根据上述计算得到的 $L_0 = 11mm$，将其代入式（3-7）或式（3-8）计算得到 K 值

$$K = (L_1 + L_0 - 50)/H_1 = (79 + 11 - 50)/20 = 2$$

第二种：K 值直接用式（3-10）计算得到：

$$K = (L_2 - L_1)/(H_2 - H_1) = (119 - 79)/(40 - 20) = 2$$

答：斜探头的 K 值为 2，前沿距离为 11mm。

技能大师经验谈：采用对比试块精准测量探头前沿距离和 K 值时，实现对缺陷的准确定位要满足以下两个条件：

1）使用小孔径试块测量 K 值和前沿距离。

2）测量的最佳范围控制在 1～3 倍近场区范围内。

▶ **3.5.4　斜探头声束偏转和双峰测试**

斜探头主声束中心线与声轴线之间的夹角称为声轴偏转角。

1. 测试前准备

斜探头声束偏转和双峰测试所需设备，如图 3-83 所示。

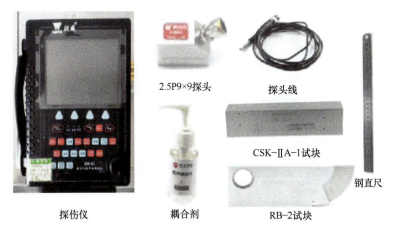

2.5P9×9探头　　探头线

CSK-ⅡA-1试块

钢直尺

探伤仪　　　　耦合剂　　　　RB-2试块

图3-83　声束偏转测试所需设备

2. 探头参数设置

按探伤仪"参数"键进入"参数设置"菜单，设置探头类型为斜探头、探头频率2.5MHz、探头 K 值暂设为探头标称值 $K2$，参数设置完成后按"确认"键，返回测试主界面。

3. 声束偏转测试

探头声速校准后，如图3-84所示，将探头放置在CSK-IA试块平面上，前后移动探头找到试块25mm板厚的下端角反射回波，将反射回波高度降至探伤仪屏幕满刻度的80%，先向左转动探头，当波高下降时停止转动，再向右转动回到反射回波最高点，继续向右转动，这时波高出现新的高点时，再向右转动探头直到波高下降，向左转动到出现新高点位置，按住探头不

动，用钢直尺贴住探头边缘，如图3-85所示，再用另一把钢直尺测量试块上边到试块边缘的数值为137mm，再量取试块下边到试块边缘的数值为136mm，用三角函数公式计算出声束偏转角度，计算得到此探头的声束偏转角是 0.57°。

$$K=\tan\beta=(137-136)/100=0.01，则\beta=0.57°$$

4. 探头双峰测试

如图3-86所示，探头校准好后，放置在CSK-ⅡA试块上，测量孔深为40mm的 $\phi2\sim\phi40$mm 横通孔反射回波，探头垂直于 $\phi2\sim\phi40$mm 横通孔，前后左右平行移动探头，当探伤仪屏幕上出现如图3-87所示的双峰时，证明此探头具有双峰现象。

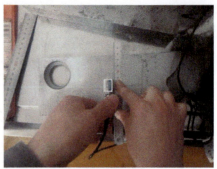

图 3-84　声束偏转测试过程

图 3-85　声束偏转测量

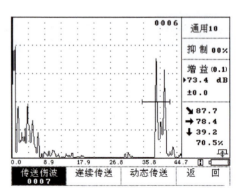

图 3-86　探头双峰测试　　　　图 3-87　探头双峰图像

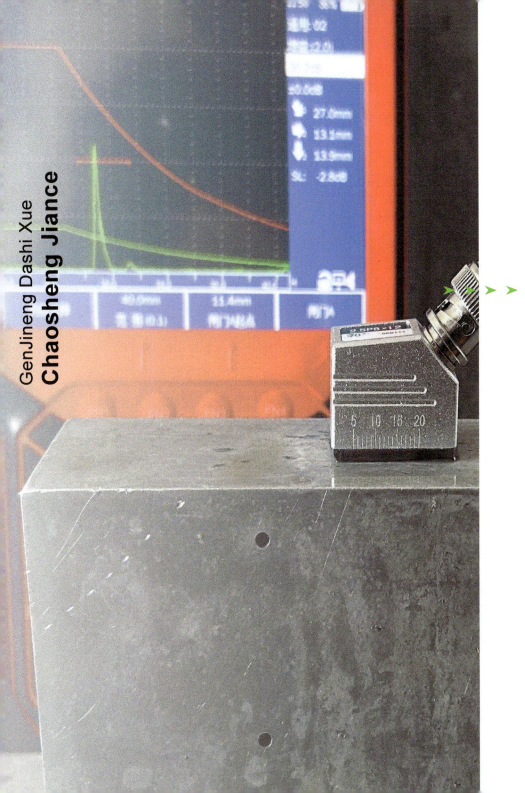

4

超声检测灵敏度制作方法

4.1 直探头焊缝超声检测 DAC 曲线制作方法

在焊缝超声检测过程中多采用斜探头扫查，在一些 L 形接头、T 形接头、插入形接头等特殊焊缝接头焊缝检测中，NB/T 47013.3—2015 标准规定：对于检测技术等级为 C 级，对接接头超声检测，以及 T 形接头、角接接头、插入接头的特定位置超声检测都需要采用直探头扫查，如图 4-1 所示。

NB/T 47013.3—2015 标准第 6.3.8.4.1 条规定：工件厚度为 6 ~ 20mm 的焊接接头，采用斜探头或直探头检测时，用 CSK-ⅡA 试块制作的距离 - 波高（DAC）曲线灵敏度，按表 27（标准中）的规定确定判废线、定量线、评定线的灵敏度 dB 值。但是没有说明上述几种焊接接头采用直探头检测时怎样调节灵敏度，其调节灵敏度的方法与之前钢板直探头检测和锻件直探头检测采用阶梯试块和平底孔等调节方式不同，直探头和斜探头都规定采用 CSK-ⅡA 试块 $\phi 2mm$ 横通孔制作 DAC 曲线，并且两种探头的灵敏度设置也相同，见表 4-1。

下面各节为直探头制作DAC曲线的步骤。

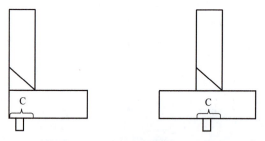

图 4-1 L 形和 T 形焊接接头示意图

表 4-1 直探头检测距离 - 波高曲线的灵敏度

试块形式	工件厚度 t/mm	评定线 EL	定量线 SL	判废线 RL
CSK-ⅡA	≥ 6 ~ 40	$\phi 2mm \times 40mm - 18dB$	$\phi 2mm \times 40mm - 12dB$	$\phi 2mm \times 40mm - 4dB$
	> 40 ~ 100	$\phi 2mm \times 60mm - 14dB$	$\phi 2mm \times 60mm - 8dB$	$\phi 2mm \times 60mm + 2dB$

4.1.1 检测前准备

直探头制作 DAC 曲线所需探伤仪和探头如图 4-2 所示。

探头频率选择：工件厚度为 6 ~ 40mm时，探头频率为 4 ~ 5MHz；工件厚度为 40 ~ 100mm 时，探头频率为 2 ~ 5MHz。选用探头直径为 $\phi 14 ~ \phi 30mm$ 的纵波直探头。

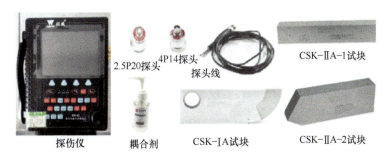

2.5P20探头　4P14探头

探头线

CSK-ⅡA-1试块

探伤仪　　耦合剂　　CSK-ⅠA试块　　CSK-ⅡA-2试块

图4-2　直探头制作 DAC 曲线所需设备

4.1.2　探头参数设置

按探伤仪"参数"键进入参数设置菜单，设置探头类型、探头频率、探头直径，如图4-3所示，设置完成后按"确认"键。

图4-3　参数设置

4.1.3　探头零点调校

将探头放置在CSK-ⅠA试块上，按"自动校准"键，输入一次回波距离为100mm，二次回波距离为200mm，如图4-4所示，

调节自动增益使第一次反射回波高度为满刻度的80%，按"确认"键，零点和声速调校完成。

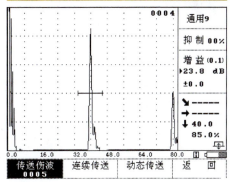

图4-4　零点校准示意图

▶ 4.1.4　DAC 曲线制作

1）例如检测板厚为 16mm 的 L 形焊接接头。如何调节直探头的 DAC 曲线？根据被检工件板厚，查表 4-2 CSK-ⅡA 试块直探头反射体深度得知，可选取 5mm、15mm、30mm、40mm 四点制作 DAC 曲线。

表 4-2　CSK-ⅡA 试块直探头反射体深度　　　　　　（单位：mm）

试块编号	适用工件厚度范围	直探头人工反射体深度
CSK-ⅡA-1	≥ 6 ~ 40	5、10、15、20、30、40
CSK-ⅡA-2	> 40 ~ 100	10、20、30、40、50、60、70、98、101

2）如图 4-5 所示探头的放置位置，将探头放置在 CSK-ⅡA-1 试块 10mm 深、ϕ2mm 横通孔上方，在试块上移动探头找到 ϕ2mm 横通孔的最高反射波，调节探伤仪自动增益旋钮使最高反射回波降至探伤仪屏幕垂直满刻度 80%，如图 4-6a 所示，按波峰记忆旋钮，再按"确认"键，第一点制作完成。

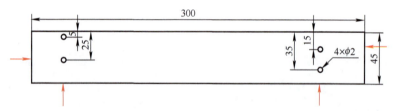

图 4-5　直探头在 CSK-ⅡA-1 试块上放置位置示意图

a)

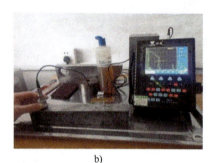

b)

图 4-6　直探头 DAC 曲线制作过程

c)

d)

图4-6 直探头DAC曲线制作过程（续）

3）同理，在CSK-ⅡA-1试块上如图4-5所示箭头位置，依次找到20mm、30mm、40mm三点位置的最高反射回波，如图4-6所示，这样直探头DAC曲线制作完成。

4）根据表4-1斜探头或直探头检测距离-波幅曲线的灵敏度要求，分别设置评定线 ϕ2mm×40mm－18dB；定量线 ϕ2mm×40mm－12dB；判废线 ϕ2mm×40mm－4dB三条曲线，如图4-7、图4-8所示。

5）同理，当板厚为40～100mm时，

按图4-9所示，直探头在CSK-ⅡA-2试块的位置，根据被检测工件板厚，依次选取相应深度的3～4点，分别找到这些位置横通孔的最高反射回波，制作直探头DAC曲线。

技能大师经验谈： 对接焊缝、T形接头、角接接头的焊缝直探头检测，其DAC曲线的制作、灵敏的设置与斜探头检测方式一致，均可采用CSK-ⅡA试块调整，灵敏度依据表4-2的参数进行设置，直探头在工件上的扫查位置如图4-5所示。

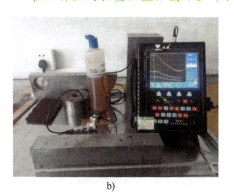
a)

b)

图4-7 直探头DAC参数设置

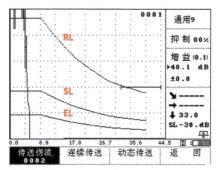

图 4-8　直探头 DAC 曲线

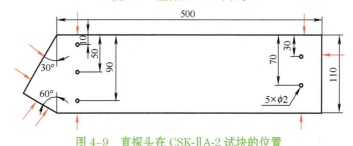

图 4-9　直探头在 CSK-ⅡA-2 试块的位置

4.2　纵波直探头实用 AVG 曲线的制作和使用方法

锻件超声检测主要使用纵波直探头来探测与检测面相平行的缺陷。对小于声束截面的缺陷定量时，使用实用 AVG（距离 - 波高 - 当量大小）曲线评价缺陷当量尺寸。如何利用公式计算绘制实用 AVG 曲线对于大多数检测人员来说都是一个难题，下面就介绍一种简单快捷的实用 AVG 曲线的绘制方法。

▶ 4.2.1　实用 AVG 曲线的绘制

实用 AVG 曲线是通过特定的探头和规则反射体实测计算，得到不同检测距离与波高及当量尺寸的关系曲线。如图 4-10 所示，横坐标表示实际声程，纵坐标表示规则反射体相对波高。下面以 5P10Z 的纵波直探头检测厚度 650mm 钢锻件为例，介绍如何利用公式计算绘制钢中的实用 AVG 曲线的方法。

1. 计算 dB 值

1）根据已知的探头直径为 10mm、频率为 5MHz、钢中声速为 5900m/s，求出探头的近场长度 N。

$$N = \frac{D^2}{4\lambda} = \frac{10^2}{(4 \times 5900)/5} \, \text{mm} = 21.2 \, \text{mm}$$

2）以距离 $x = 750\text{mm}$ 时，$\phi 2\text{mm}$ 平底孔的回波高度 0dB 为统一的灵敏度。

3）计算不同距离处同一平底孔的回波 dB 差。

因为 $X \geq 3N$，$D_1 = D_2$，可根据公式计算

$$\Delta = 20\lg\frac{P_1}{P_2} = 40\lg\frac{D_1 X_2}{D_2 X_1} = 40\lg\frac{X_2}{X_1} \quad (4\text{-}1)$$

代入 $X_2 = 750\text{mm}$，分别计算出不同距离 $X = 100\text{mm}$，200mm，$\cdots$，800mm 时的 Δ 值，见表 4-3。

表 4-3　各反射体对应回波高度值　　　　（单位：dB）

X/mm	$\phi 2$	$\phi 3$	$\phi 4$	$\phi 6$	$\phi 8$	大平底
100	33.8	40.84	45.84	52.88	57.88	59.27
200	27.96	30	35	42.04	47.04	54.45
300	15.92	22.96	27.96	35	40	50.93
400	10.92	17.96	22.96	30	35	48.42
500	7.04	14.08	19.08	26.12	31.12	46.49
600	3.88	10.92	15.92	22.96	27.96	44.91
700	1.2	8.24	13.24	20.28	25.28	43.57
750	0	7.04	12.04	19.08	24.08	42.97
800	−1.12	5.92	10.92	17.96	22.96	42.41

4）计算同距离处不同大小平底孔的回波 dB 差。

因为 $X \geq 3N$，$X_1 = X_2$。可根据公式计算

$$\Delta = 20\lg\frac{P_1}{P_2} = 40\lg\frac{D_1 X_2}{D_2 X_1} = 40\lg\frac{D_1}{D_2} \quad (4\text{-}2)$$

代入 $D_1 = 2\text{mm}$，分别计算 $D_2 = 3\text{mm}$，4mm，$\cdots$，8mm 时的 Δ 值。

5）计算 $\phi 2\text{mm}$ 平底孔回波与同距离大平底回波高度的 dB 差。

因为 $X \geq 3N$，可根据公式计算

$$\Delta = 20\lg\frac{P_b}{P_f} = 20\lg\frac{2\lambda X}{\pi D_f^2} \quad (4\text{-}3)$$

分别代入不同距离 $X = 150\text{mm}$，200mm，$\cdots$，800mm，计算对应的 Δ 值。

2. 绘制实用 AVG 曲线

根据表 4-3 不同距离和不同当量尺寸的反射体 Δ 值，以 Δ 值为纵坐标，X 值为横坐标画线，即可得到 $\phi 2\text{mm}$，$\phi 3\text{mm}$，$\phi 4\text{mm}$，$\cdots$，$\phi 8\text{mm}$ 平底孔的距离弧度曲线和大平底的距离弧度曲线，如图 4-10 所示。

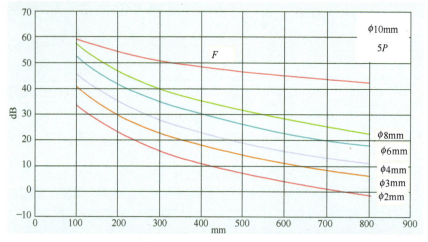

图 4-10　钢中实用 AVG 曲线

▶ 4.2.2　实用 AVG 曲线的应用案例

实用 AVG 曲线的作用是可调节检测灵敏度和评定小于声束截面缺陷的当量尺寸。

实际案例：采用 5P10Z 纵波直探头对一个厚度为 650mm 的钢锻件进行检测，具体检测过程如下。

1. 调节检测灵敏度

1）根据已知钢锻件的厚度 650mm，确定探伤仪检测范围 800mm。

2）将 5P10Z 纵波直探头放置在被检工件上，找到被检工件无缺陷处的底面最高反射回波，调节探伤仪使底面反射回波高度达到仪器垂直方向上满刻度的 80%。

3）如图 4-11 所示，查表 4-3 得到 A 点和 B 点之间的 dB 差值，再增益查表计算

得到的 dB 值，就是所对应的 ϕ2mm 当量的检测灵敏度。另外根据检测验收等级要求，查找实用 AVG 曲线，得到符合验收等级要求的检测灵敏度。

2. 确定缺陷当量尺寸

用 5P10Z 纵波直探头检测钢锻件，锻件厚 650mm，检测中在 500mm 位置上发现缺陷显示，缺陷回波高度比大平底回波低 28dB，如图 4-11 所示，此缺陷的当量大小是多少？

如何通过实用 AVG 曲线图来快速准确地确定缺陷的当量尺寸？

根据已知被检工件的尺寸和检测所使用的探头的尺寸及频率就能快速地在实用 AVG 曲线上查找到缺陷的当量尺寸，具体步骤如下：

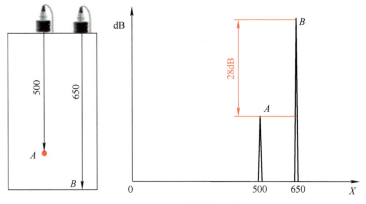

图 4-11　检测锻件示意图

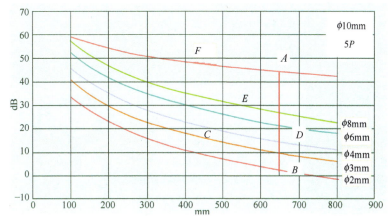

图 4-12　实用 AVG 曲线应用

1）如图 4-12 所示，在横坐标轴 650mm 位置上，做垂直于横坐标轴直线与大平底 F 曲线交于 A 点，交平底孔 φ2mm 曲线于 B 点。

2）根据已知缺陷回波高度比大平底回波低 28dB，在比 A 点低 28dB 的 D 点做平行于横坐标轴直线与 500mm 位置线交于 C 点。

3）确定 C 点对应的曲线是 φ4mm 当量曲线，则 500mm 位置上的缺陷当量尺寸为 φ4mm。

技能大师经验谈：一般对衰减系数很

小的材料，检测时不必衰减修正，可直接使用此实用 AVG 曲线。但对衰减系数较大的材料，检测时应考虑其衰减修正。另外，被检工件的探测面必须与底面平行。

4.3 斜探头焊缝超声检测 DAC 曲线制作方法

在焊缝超声检测时，超声检测人员根据被检测对象的材料厚度，依据超声检测相对应的标准，制作 DAC 曲线来确定检测的灵敏度。检测过程中发现缺陷时，根据缺陷反射回波的高度和显示的水平位置所对应 DAC 曲线上的灵敏度值，对该缺陷进行定量。因此 DAC 曲线制作是否精准直接影响对缺陷评判。

下面以检测焊缝厚度为 20mm 的工件为例，介绍斜探头 DAC 曲线的制作方法和步骤。

▶ 4.3.1 检测设备选择

开工前校验探伤仪和 DAC 曲线制作所需设备，如图 4-13 所示。

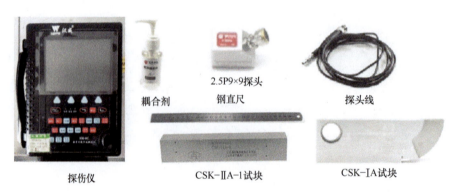

耦合剂　2.5P9×9探头　钢直尺　探头线
探伤仪　CSK-ⅡA-1试块　CSK-ⅠA试块

图 4-13　DAC 曲线制作所需设备

探头频率选择：工件厚度为 6～40mm 时，探头频率为 4～5MHz；选用频率 5MHz，晶片尺寸 9mm×9mm 的 K_2 斜探头，探头线。

▶ 4.3.2 探头参数设置

按探伤仪"参数"键进入"参数设置"菜单，设置探头类型、探头频率等，如图 4-14 所示，设置完成后按"确认"键。

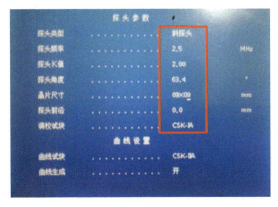

图 4-14　参数设置

4.3.3　探头零点和 K 值调校

1）如图 4-15a 所示，将探头放在试块上并移动，使得 R100mm 圆弧面的反射体回波达到最高，调节增益，使 R100mm 圆弧面反射回波高为满刻度的 80%，横向平移探头使 R50mm 弧面反射回波高大于 20% 满刻度。

2）按探伤仪面板上"确定"键，探伤仪上显示的声速和零点数值即为校准后的声速和探头零点数值，如图 4-15b 所示。

a)

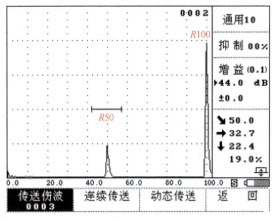

b)

图 4-15　零点校准示意图

3）K 值校准。如图 4-16 所示，将斜探头放置在试块上进行测量。前后移动探头找到 φ44mm 有机玻璃圆弧面最大回波时固定探头，按探伤仪"确认"键，K 值校准完成。

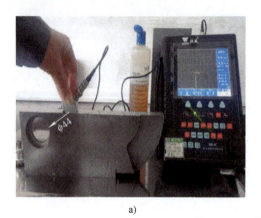

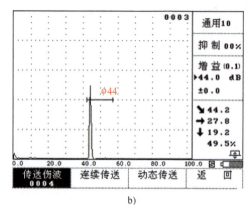

a)
b)

图 4-16　K 值校准示意图

4.3.4　DAC 曲线制作

1）如何制作斜探头的 DAC 曲线，根据被检工件板厚 20mm，查表 4-4 CSK-ⅡA 试块斜探头反射体深度得知，可选取 10mm、20mm、30mm、40mm，四点制作 DAC 曲线。

2）如图 4-17 所示，将探头放置在 CSK-ⅡA-1 试块 1 点位置测量 10mm 深 ϕ2mm 横通孔，在试块上移动探头找到 ϕ2mm 横通孔的最高反射波，调节探伤仪自动增益旋钮使最高反射波回波降至探伤仪屏幕垂直满刻度的 80%，按"波峰记忆"旋钮，再按"确认"键，第一点制作完成。

表 4-4　CSK-ⅡA 试块斜探头反射体深度　　　　（单位：mm）

试块编号	适用工件厚度范围	斜探头人工反射体深度
CSK-ⅡA-1	≥ 6 ~ 40	5、10、15、20、30、40
CSK-ⅡA-2	> 40 ~ 100	10、20、30、40、50、60、70、98、101

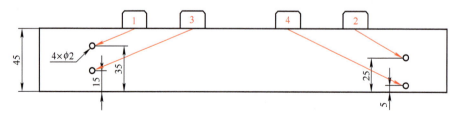

图 4-17　斜探头在 CSK-ⅡA-1 试块的位置

3）同理，在 CSK-ⅡA-1 试块上如图 4-18 所示箭头位置，依次找到 20mm、30mm、40mm 三点位置的最高反射波回波，这样斜探头 DAC 曲线制作完成。

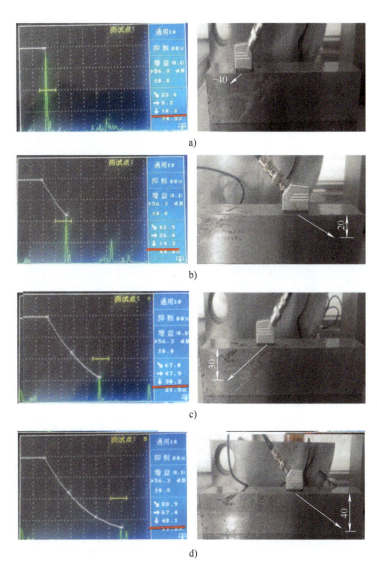

a)

b)

c)

d)

图 4-18　距离 - 波高曲线制作过程

4）按"参数"键进入"参数设置"界面，根据表4-5斜探头或直探头检测距离-波高曲线的灵敏度要求分别设置评定线 $\phi2mm\times40mm-18dB$；定量线 $\phi2mm\times40mm-12dB$；判废线 $\phi2mm\times40mm-4dB$ 三条曲线，如图4-19所示。

表4-5 斜探头或直探头检测距离-波高曲线的灵敏度

试块形式	工件厚度 t/mm	评定线	定量线	判废线
CSK- ⅡA	$\geqslant 6 \sim 40$	$\phi2mm\times40mm-18dB$	$\phi2mm\times40mm-12dB$	$\phi2mm\times40mm-4dB$
	$> 40 \sim 100$	$\phi2mm\times60mm-14dB$	$\phi2mm\times60mm-8dB$	$\phi2mm\times60mm+2dB$

5）曲线参数设置完成后，按"参数"键返回探伤界面，探伤仪屏幕上显示三条曲线，斜探头DAC距离-波高曲线制作完成，如图4-20所示。

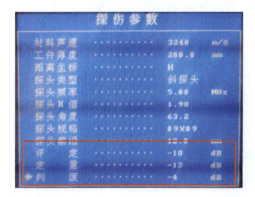

图4-19 曲线参数设置

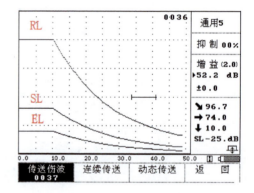

图4-20 距离-波高曲线

技能大师经验谈：焊缝斜探头超声检测需要应用DAC曲线进行缺陷定量，因此DAC曲线制作的好坏直接影响焊缝检测灵敏度。DAC曲线偏差大就造成检测灵敏高或低，灵敏度高就会使小缺陷判定为不合格造成不必要的返修；灵敏度低就容易漏掉危害性大的平面状缺陷。如何使DAC曲线制作精准，在制作前必须先把探头零点、前沿、K值校准正确，制作后最少校验两点，这样才能保证检测结果的准确性、可靠性。

5.1 横波斜探头缺陷定位方法

在横波斜探头检测工件过程中，对缺陷的评定包括缺陷的水平距离和深度的确定以及指示长度评定。缺陷的水平距离和深度是根据缺陷最大反射波回波，在经过扫查声速校准后的探伤仪屏幕上的水平刻度上的显示位置来获取声程距离、水平距离或深度，再通过探头折射角计算得到的。

采用横波斜探头检测平面工件时，波束在进入工件时发生折射产生横波，如图 5-1 所示，工件内缺陷的位置由探头折射角和声程来确定或由缺陷水平位置和深度方向投影来确定。前面第三章讲到斜探头的扫面速度校准时采用声程 S、水平 L 和深度 H 三种调节方法，因此，调节方法不同，缺陷的定位方法也不一样。下面分别介绍上述三种不同扫查声速调节方法对缺陷的定位。

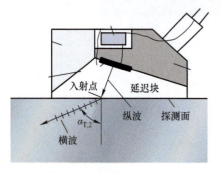

图 5-1 斜探头工作原理

5.1.1 按声程调节扫描速度对缺陷的定位

当仪器按照声程 $1:n$ 调节横波扫查速度时，缺陷波在探伤仪屏幕水平刻度为 X。

1）直射法检测时，如图 5-2 所示，缺陷至探头入射点的声程为 $S = nX$，通过三角函数公式计算，则缺陷的水平位置 L 和深度 H 分别为

$$\begin{cases} L = S \sin \beta = nX \sin \beta \\ H = S \cos \beta = nX \cos \beta \end{cases} \tag{5-1}$$

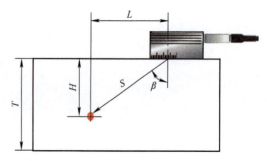

图 5-2 直射法检测缺陷定位

2）二次波检测到缺陷时，如图 5-3 所示，缺陷至探头入射点的声程为 $S = nX_f$，通过三角函数公式计算，则缺陷的水平位置 L 和深度 H 分别为

$$\begin{cases} L = S\sin\beta = nX_f\sin\beta \\ H = 2T - S\cos\beta = 2T - nX_f\cos\beta \end{cases} \quad (5\text{-}2)$$

式中　T——工件厚度（mm）；

　　　β——探头折射角，（°）。

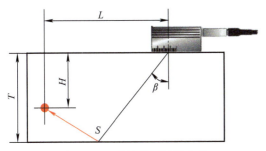

图 5-3　二次波检测缺陷定位

例题 1：用 2.5P9×9 60° 探头检测板厚为 15mm 的钢板焊缝，探伤仪扫查速度按水平 1:1 调节，如图 5-4 所示，检测中在探伤仪水平刻度 $X = 14.7$mm 处出现一个反射波，求这个缺陷的位置。

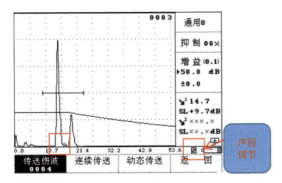

图 5-4　声程调节缺陷显示

解：由于 $X < 15$mm，因此可以判定此缺陷回波是在一次波范围发现的，此缺陷的水平位置 L 和深度 H 用公式（5-1）计算

$$L = S\sin\beta = 1 \times 15\text{mm} \times \sin 60 = 13\text{mm}$$

$$H = S\cos\beta = 1 \times 15\text{mm} \times \cos 60 = 7.5\text{mm}$$

5.1.2　按水平调节扫描速度对缺陷的定位

当探伤仪按照水平 $1:n$ 调节横波扫查速度时，缺陷波在探伤仪屏幕水平刻度为 X，采用 K 值斜探头检测。

1）直射法检测时，缺陷在工件内的水平距离 L 和深度 H 为

$$\begin{cases} L = nX \\ H = L/K = nX/K \end{cases} \quad (5\text{-}3)$$

2）反射法检测时，缺陷在工件内的水平距离 L 和深度 H 为

$$\begin{cases} L = nX \\ H = 2T - L/K = 2T - nX/K \end{cases} \quad (5\text{-}4)$$

例题 2：用 2.5P9×9K2 探头检测板厚为 20mm 的钢板焊缝，探伤仪扫查速度按水平 1:1 调节，如图 5-5 所示，检测中在探伤仪水平刻度 $X = 47.2$mm 处出现一个反射波，求这个缺陷的位置。

解：由于 $KT = 2 \times 20$mm $= 40$mm，$2KT = 80$mm，因此可以判定此缺陷回波是在二次

波范围发现的，此缺陷的水平位置 L 和深度 H 用公式（5-4）计算

$$L = 1 \times 47.2\text{mm} = 47.2\text{mm}$$
$$H = 2 \times 20\text{mm} - 47.2\text{mm}/2 = 16.4\text{mm}$$

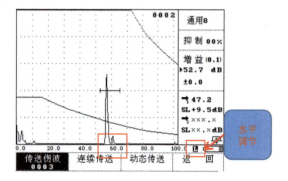

图 5-5　水平调节缺陷显示

5.1.3　按深度调节扫查速度对缺陷的定位

　　当探伤仪按照深度 $1:n$ 调节横波扫查速度时，缺陷波在探伤仪屏幕水平刻度为 X，采用 K 值斜探头检测。

　　1）直射法检测时，缺陷在工件内的水平距离 L 和深度 H 为

$$\begin{cases} L = KnX \\ H = nX \end{cases} \qquad （5-5）$$

　　2）反射法检测时，缺陷在工件内的水平距离 L 和深度 H 为

$$\begin{cases} L = KnX \\ H = 2T - nX \end{cases} \qquad （5-6）$$

　　例题 3：用 2.5P9×9K1.5 探头检测板厚为 30mm 的钢板焊缝，探伤仪扫查速度按深度 1:1 调节，如图 5-6 所示，检测中在仪器水平刻度 $X = 45\text{mm}$ 处出现一个反射波，求这个缺陷的位置。

　　解：由 $T < 45 < 2T$，因此可以判定此缺陷回波是在二次波范围发现的，此缺陷的水平位置 L 和深度 H 用公式（5-6）计算

$$L = 1.5 \times 1 \times 45\text{mm} = 67.5\text{mm}$$
$$H = 2 \times 30\text{mm} - 1 \times 45\text{mm} = 15\text{mm}$$

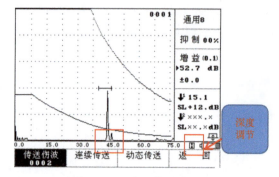

图 5-6　深度调节缺陷显示

　　技能大师经验谈：目前超声检测仪器多采用 A 型反射式超声波探伤仪，反射式探伤仪是根据缺陷反射回波在探伤仪屏幕水平刻度上显示位置和波高来评价缺陷的

位置和大小的。因此，在检测过程中对缺陷的定位要注意以下几点：

1）探伤仪的水平线性和垂直线性应定期校验，以减小探伤仪性能偏差大而使缺陷的水平和深度定位不准确。

2）探头声束偏离大且有双峰时要及时更换，探头在使用过程中楔块磨损会造成 K 值偏差，直接影响缺陷的定位。

3）工件的表面形状和粗糙度都会对缺陷定位有影响。

4）若缺陷倾斜，则探头扩散波束入射缺陷时回波很高，会被误认为缺陷在主声束轴线上，从而导致定位不准。

5）操作人员每天校准探伤仪扫描速度要准确，探头入射点和 K 值误差大都会影响缺陷定位。

5.2 焊缝内部裂纹自身高度测量方法

焊接裂纹是焊接工件中最常见的一种严重缺陷。裂纹的特征是边缘尖锐、焊缝表面呈开口形状、垂直于或平行于焊缝表面，在使用过程中工件内部裂纹向外扩展，严重影响工件的质量，因而对裂纹的检测极为重要。

在焊缝超声检测过程中，常常发现裂纹不仅有长度而且还具有一定的自身高度，裂纹长度采用 6dB 法进行测量，内部裂纹自身高度采用端点反射回波法测量。

如图 5-7 所示，当超声波声束入射到裂纹的端点时，声束沿着原路反射，称为端点反射。下面介绍几种不同形状裂纹利用端点回波法测量裂纹自身高度的计算方法。

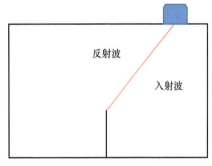

图 5-7 端点反射示意图

5.2.1 垂直表面开口裂纹

如图 5-8 所示，对于垂直表面开口裂纹，其自身（垂直）高度为 h，上端点回波声程为 W_1，根部回波声程分别为 W_2，探头折射角为 β，工件厚度为 T，利用公式（5-7）计算得

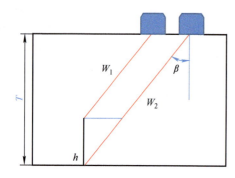

图 5-8　表面开口裂纹

$$h = (W_2 - W_1)\cos\beta \qquad (5\text{-}7)$$

由公式（5-7）得

$$h = (1 - W_1/W_2)T \qquad (5\text{-}8)$$

在实际检测中，根据测量出来的裂纹的上下端点声程值就可以直接用公式（5-8）计算得到裂纹高度，这种方法不用计算 β 值的余弦，计算过程快速简单。

例题 4：已知工件厚度为 30mm，裂纹上端点声程为 30mm，下端点声程为 45mm，求裂纹高度。

由公式（5-8）得

$$\begin{aligned} h &= (1 - W_1/W_2)\times T \\ &= (1 - 30/45)\times 30\text{mm} \approx 10\text{mm} \end{aligned}$$

裂纹自身高度为 10mm。

5.2.2　垂直表面的内部裂纹

1.下端点一次波法

如图 5-9 所示，对于垂直表面的内部裂纹，如果上端点和下端点都是由一次波探测到（如图 5-9a）。一次波声程分别为 W_1 和 W_2，则其自身高度 h 可直接用公式（5-9）计算

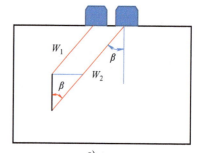

a)

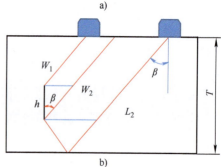

b)

图 5-9　内部垂直裂纹

$$h = (W_2 - W_1)\cos\beta \qquad (5\text{-}9)$$

2.下端点二次波法

如果上端点是由一次波探测到，而下

端点是由二次波探测到（图 5-9b），设一、二次波的总声程为 L_2。如果工件厚度为 T，那么 L_2 中一次波声程为：$T/\cos\beta$；二次波声程为：$L_2-(T/\cos\beta)$；先计算出 W_2，则

$$W_2 = L_2 - 2\times(L_2 - T/\cos\beta) \quad (5\text{-}10)$$

计算出 W_2 值后，再通过公式（5-9）计算得到缺陷的自身高度值。

5.2.3 倾斜的内部裂纹

1. 下端点一次波声程法

如图 5-10 所示，对于倾斜于焊缝表面的内部裂纹，如果上端点和下端点都是由一次波探测到，一次波声程分别为 W_1 和 W_2，则其自身高度 h' 为

$$h' = (W_2 - W_1)\cos\beta \quad (5\text{-}11)$$

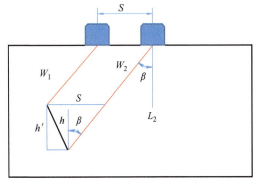

图 5-10 一次波内部倾斜裂纹

2. 下端点二次波声程法

如图 5-11 所示，对于倾斜于焊缝表面的内部裂纹，假如上端点是由一次波探测到的，而下端点是由二次波探测到，且工件厚度为 T，那么总声程 L_2 中一次波声程为：$T/\cos\beta$；总声程 L_2 中二次波声程为：$L_2-(T/\cos\beta)$；先计算出 W_2，则

$$W_2 = L_2 - 2\times(L_2 - T/\cos\beta) \quad (5\text{-}12)$$

计算出 W_2 值后，再通过公式（5-11）计算得到缺陷的自身高度值

$$h' = (W_2 - W_1)\cos\beta \quad (5\text{-}13)$$

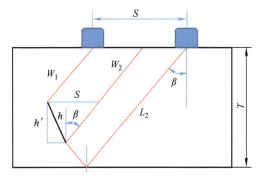

图 5-11 内部倾斜裂纹

综上所述，对于几种不同形状和位置的裂纹，采用端点回波法测量出裂纹的上下端点的回波声程值，再通过公式计算得到裂纹的自身高度，对提高裂纹自身（垂直）高度的测量精度是非常有效的。端点回波法具有原理简单、测量重复性好、操作方便和计算速度快等优点。

5.3 超声检测缺陷长度的测量方法

在超声检测过程中，当发现被检工件内缺陷尺寸大于探头声束截面时，要对缺陷测长确定缺陷的长度。测长法是根据缺陷反射回波的波高和探头沿缺陷方向移动的距离来确定缺陷的尺寸。按规定的方法测定的缺陷长度称为缺陷的指示长度。

在实际检测中，工件内缺陷的取向、缺陷的性质、表面粗糙度等都会影响缺陷的反射回波的高度，因此缺陷的指示长度总是小于或等于缺陷的实际长度。

依据测量缺陷长度时采用的基准灵敏度不同，分为相对灵敏度法、绝对灵敏度法和端点峰值法三种测长方法。

5.3.1 相对灵敏度测长法

相对灵敏度测长法是根据缺陷最高回波 dB 值为基准，沿缺陷长度方向左右移动探头，当最高回波降低一定 dB 值时，探头移动距离来测量缺陷长度。常采用 6dB 法和端点 6dB 法测长。

（1）6dB 法（半波高度法） 当缺陷最高回波降低 6dB 时，波幅高度降为原来的一半，因此 6dB 法又称半波高度法。

在检测过程中发现缺陷后，移动探头找到缺陷的最大反射回波，然后沿缺陷长度方向左右移动探头，当缺陷反射回波高度降低一半时，探头中心线之间距离就是缺陷的指示长度，如图 5-12 所示。

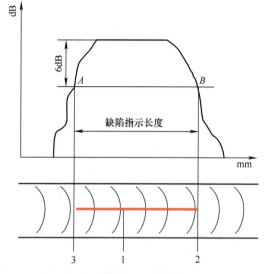

图 5-12 半波高度测长法（6dB 法）

（2）6dB 测长法 在检测过程中发现缺陷后，移动探头找到缺陷的最大反射回波后，使缺陷波高降至基准波高满刻度的 80%，再将探伤仪灵敏度提高 6dB，沿缺陷长度方向左右移动探头，当缺陷波高降至基准波高满刻度的 80% 时，探头中心线之间距离就是缺陷的指示长度，如图 5-12 所示。

（3）端点 6dB 法（端点半波高度法）

当缺陷反射波波高有很多波峰时，使缺陷两端波高降为一半时，测长采用端点 6dB 法。

在检测过程中发现缺陷后，探头沿缺陷长度方向左右移动，找到缺陷两端的最大反射回波，分别以这两个端点反射回波波高为基准，继续向左、向右移动探头，当反射回波高度降低一半时（或 6dB 时），探头中心线之间的距离即为缺陷的指示长度，如图 5-13 所示。

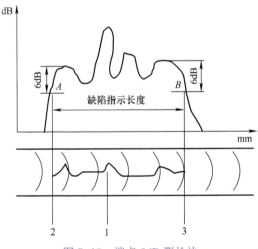

图 5-13　端点 6dB 测长法

半波高度法和端点 6dB 法都属于相对灵敏度法，因为它们是利用被测缺陷本身的最大反射波或以缺陷本身两端最大反射波为基准来测定缺陷长度的。

5.3.2　绝对灵敏度测长法

在探伤仪灵敏度一定的条件下，在检测过程中发现缺陷后，探头沿缺陷长度方向左右移动，当缺陷波高降到 DAC 缺陷的测长线位置时，如图 5-14 所示的 EL 线时，探头中心线之间移动的距离，即为缺陷的指示长度。

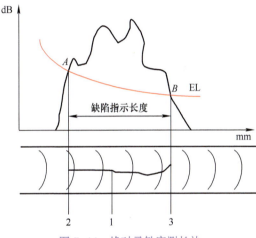

图 5-14　绝对灵敏度测长法

绝对灵敏度测长法测得的缺陷指示长度与测长灵敏度有关。测长灵敏度高，缺陷长度大，在自动探伤中常用绝对灵敏度法测长。

5.3.3　端点峰值测长法

端点峰值法：在检测过程中发现缺陷后，探头沿平行于焊缝缺陷长度方向左右移动，缺陷反射回波多峰时，找到缺陷两端波高的最高点，此时探头中心线之间移动的距离为缺陷指示长度，如图5-15所示。

技能大师经验谈：由于被检工件中缺陷的取向、性质、形状等都会影响缺陷回波高度，因此缺陷的指示长度总是小于或者等于缺陷的实际长度。半波高度法（6dB法）适用于缺陷回波只有一个高点的情况；端点半波高度法（6dB法）和端点峰值法适用于缺陷反射回波多峰的情况。绝对灵敏度测长法比相对灵敏度法测得的缺陷指示长度大；端点峰值法测得的缺陷长度比端点6dB法测得的指示长度要小一些。

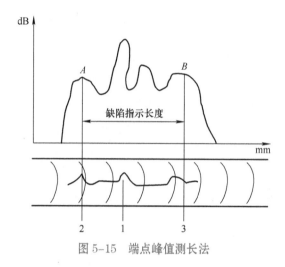

图 5-15　端点峰值测长法

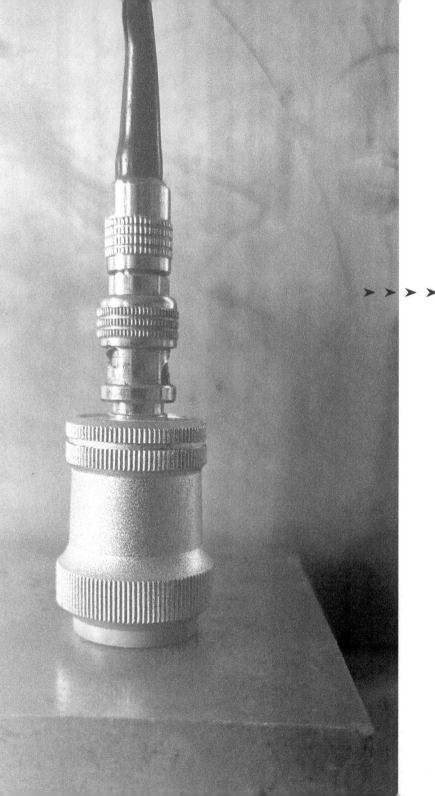

6

板材超声检测

6.1 板材检测

板材依据材质不同分为钢板、铜板、铝板等；依据板材厚度将 6mm 以下的称为薄板、6 ～ 60mm 的称之为中厚板、60mm 以上的称为厚板。复合钢板按其组合类型可分为金属复合钢板和非金属复合钢板。金属复合钢板又有不锈钢复合钢板、钛复合钢板、铜复合钢板和铝复合钢板等。非金属复合钢板分为轻量化复合钢板和减振复合钢板。

6.1.1 钢板常见缺陷

钢板由钢坯通过热轧和冷轧而形成，在轧制过程中钢板常出现的缺陷有折叠、重皮、白点、分层等。常见缺陷的特点如下。

1）分层：由钢坯中的残余缩孔、夹杂物等在轧制过程中未熔合而形成的分离层，常出现在钢板的中间部位，是沿压延方向平行于钢表面平行的面状缺陷，钢材受垂直表面的拉应力作用时，分层将影响钢板的强度，如图 6-1 所示。

图 6-1　分层缺陷

2）折叠和重皮：钢板表面局部形成互相重合的双层金属，是由于在轧制过程中前端凸起后辗压形成的，存在于钢材表面，如图 6-2 所示。

图 6-2　折叠和重皮

3）白点：钢板在轧制过程中，由于冷却速度快，柱状晶内氢原子来不及扩散，在缺陷处聚集，以分子状态存在造成高压而形成的内部断裂，白点会降低钢材的力学性能，特别是塑性和韧性。白点存在于钢材内部，如图 6-3 所示。

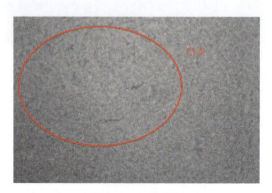

图 6-3　白点缺陷

6.1.2 板材检测方法

平行于钢板表面的缺陷，如钢板中的分层、折叠等，经常采用垂直于板面入射的纵波检测法，耦合方式为直接接触法和水浸法，采用探头有聚焦和非聚焦的单晶纵波直探头、双晶纵波直探头，如图6-4所示。

图6-4 单晶、双晶直探头

在中厚板检测时，一般采用多次反射法，如图6-5所示，即在探伤仪屏幕上显示多次底面反射回波，这样既可以通过缺陷回波来判定缺陷，又可以通过底面回波衰减情况来判定缺陷情况。只有在检测厚度很大的钢板时才采用一次底波和二次底波法。

技能大师经验谈：采用底波多次反射法进行超声检测应满足以下条件：

1）被检工件的探测面与底面互相平行。

2）被检材质晶粒度必须均匀。

3）被检材料对超声波的衰减要小。

1. 直接接触法

直接接触法是探头通过薄层耦合剂与被检工件接触进行检测的方法。通过观察探伤仪屏幕上被检工件底面反射回波的变化，判断被检工件内部缺陷大小。

图6-5 多次反射法示意图

1）当探头在完好区检测时，声束直接入射到工件底面返回，这时探伤仪屏幕上显示多次底面回波，无缺陷波显示，如图6-6所示。

2）当探头在小缺陷区检测时，缺陷小于探头声束截面时，入射声束一部分遇到缺陷直接返回，另一部分声束入射到工件底面返回，这时探伤仪屏幕上同时显示缺陷和底面的多次反射回波，底波明显下降，如图6-7所示。

3）当探头在大缺陷区检测时，缺陷的面积大于探头晶片声束截面时，声束入射到缺陷后全部反射至探头上，这时探伤仪屏幕上显示缺陷的多次回波，底面回波下降或消失，如图6-8所示。

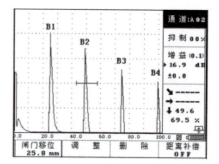

图 6-6　无缺陷

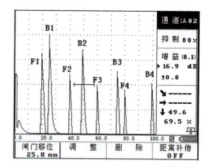

图 6-7　小缺陷

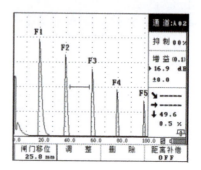

图 6-8　大缺陷

在钢板检测时值得注意的一种现象：当板厚较薄（10～25mm）且钢板中心附近缺陷较小时，如图6-9所示，缺陷波由逐步升高到逐步下降的现象，是由于不同反射路径声波互相叠加造成的，此现象称为叠加效应。

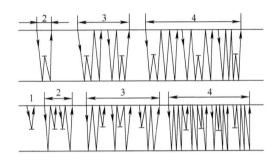

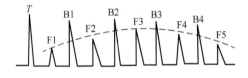

图6-9 叠加效应

在检测时如果出现叠加效应，一般应根据F1来评价缺陷。只有当厚度＜20mm时，才依F2评价缺陷，这主要是为了减少近场区的影响，用F2和B2评价时，基准灵敏度应以第二次反射波校准。

2. 水浸法（充水耦合法）

采用水浸法检测时，探头和被检工件不直接接触，而是通过一定厚度的水耦合，如图6-10所示。这时水/钢界面

（钢板上表面）多次回波与被检工件多次底面回波同时在仪器屏幕上显示，这些回波相互干扰或重合在一起，影响缺陷波分辨，不利于检测。

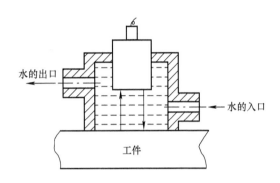

图6-10 水浸法检测

通过调节水层厚度，使水/钢界面多次回波与被检钢工件的底面多次回波重合，如图6-11所示，仪器屏幕上波形清晰简单，容易观察和判定缺陷回波，这种方法称为多次重合法。

▶ 6.1.3 检测探头选择

探头的选择包括探头频率、直径和结构形式的选择，板材超声检测可根据表6-1选择探头。在检测薄钢板时，宜采用大频率、小晶片、双晶直探头；在检测较厚钢板时宜选用小频率、大晶片、单晶片直探头。

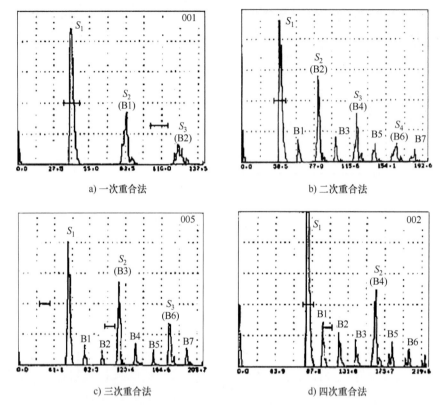

图 6-11　水浸多次重合法

表 6-1　板材超声检测探头选择

板厚 /mm	所用探头	探头标称频率 /MHz	探头晶片尺寸
6 ~ 13	双晶片直探头	5	晶片面积不小于 150mm²
13 ~ 60	双晶片直探头或单晶片直探头	>2.0	$\phi14 \sim \phi20$mm
>60	单晶片直探头	>2.0	$\phi20 \sim \phi25$mm

◎▶ 6.1.4 检测条件

1. 检测时机

在钢板加工完毕和轧制后进行超声检测。

2. 检测面

可以从钢板任一轧制面进行检测。

3. 探头扫查方式

根据钢板用途和要求不同，采用的主要扫查方式分为全面扫查、列线扫查、边缘扫查和格子扫查四种。

1）全面扫查：对要求高的钢板进行检测做 100% 扫查，具体做法是每相邻两次扫查应有 10% 重复扫查面，探头移动方向垂直于钢板压延方向。

2）列线扫查：在钢板上画出间距不大于 100mm 等距离的平行线，探头沿所画列线扫查，并垂直于压延方向，如图 6-12a 所示。

3）边缘扫查：在钢板边缘的一定范围内做全面扫查，边缘扫查一般宽度不小于 50mm，如图 6-12b 所示。

4）格子扫查：在钢板边缘 50mm 范围内做全面扫查，其余按 200mm×200mm 的格子线扫查，如图 6-12c 所示。

4. 扫查速度

为了防止漏检，手工检测时探头扫查速度不大于 150mm/s，水浸自动检测探头扫查速度在 500~1000mm/s。在扫查到缺陷后，对缺陷周边做全面细致扫查确定缺陷面积。

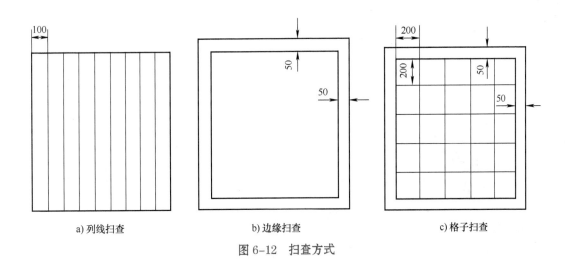

a) 列线扫查　　　　b) 边缘扫查　　　　c) 格子扫查

图 6-12　扫查方式

6.1.5 检测范围和灵敏度确定

1. 检测范围的调整

检测范围的调整一般根据钢板厚度来确定。直接接触法检测板厚小于 30mm 的钢板时，仪器屏幕水平方向满刻度应看到 B10，检测范围调至 300mm 左右。板厚在 30～80mm 的钢板检测时，探伤仪屏幕水平方向满刻度应看到 B5，检测范围为 400mm 左右。板厚大于 80mm 的钢板检测时可适当减少底面回波的次数，但检测范围应保持在 400mm 左右。

2. 检测灵敏度确定

钢板检测灵敏度调整可采用阶梯试块法、平底孔试块法、底面回波法等，常用的方法有以下几种：

（1）阶梯试块法 当被检钢板厚度不大于 20mm 时，采用如图 6-13 所示的阶梯试块，调整与被检工件相同厚度的阶梯试块底面回波高度，使之达到探伤仪屏幕垂直方向满刻度的 50%，再提高 10dB 作为基准灵敏度。

（2）平底孔试块法 当被检钢板厚度大于 20mm 时，采用如图 6-14 所示的 ϕ5mm 平底孔试块调整，使 ϕ5mm 平底孔第一次回波高度调整为探伤仪屏幕垂直方向满刻度的 50% 作为基准灵敏度。ϕ5mm 不同深度试块尺寸见表 6-2。

（3）底面回波法 可采用多次底面回波来调节灵敏度。将探伤仪屏幕上垂直方向满刻度显示的 B5 回波高度调整为 50% 作为基准灵敏度。

被检钢板厚度大于 3N 时（N—近场区长度），检测灵敏度用计算法，可利用被检钢板无缺陷完好部位的第一次底面回波来校准灵敏度。

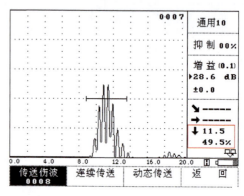

图 6-13　阶梯试块灵敏度调校

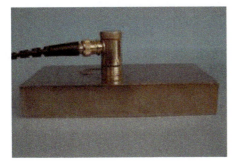

图 6-14 平底孔试块灵敏度校准

表 6-2 φ5mm 不同深度试块尺寸

（单位：mm）

被检钢板厚度	被检面到平底孔的距离 s	试块厚度 T
>20 ~ 40	15	≥ 20
>40 ~ 60	30	≥ 40
>60 ~ 100	50	≥ 65
>100 ~ 160	90	≥ 110
>160 ~ 200	140	≥ 170
>200 ~ 250	190	≥ 220

注意：扫查灵敏度在基准灵敏度的基础上提高 6dB，在测定缺陷当量时应将灵敏度调回基准灵敏度。

▶ 6.1.6 缺陷的判别与测定

1. 缺陷的判别

在检测过程中，根据缺陷波和底面回波来判断被检工件中的缺陷情况，在检测灵敏度下发现下列情况应记录：

1）缺陷第一次反射波达到探伤仪屏幕上垂直方向满刻度的 50%，即 F1 ≥ 50%。

2）当底面第一次回波高度小于探伤仪屏幕上垂直方法满刻度的 100%，且 F1/B1 ≥ 50%。

3）底面第一次回波高度小于探伤仪屏幕上垂直方法满刻度的 50%，即 B1 < 50%。

2. 缺陷边界的测定

1）当 F1 ≥ 50% 时，左右移动探头使缺陷波高降为一半，此时探头移动的距离为缺陷的指示长度，探头中心为缺陷边界。

2）当 F1/B1 ≥ 50%，且 F1 < 100% 时，左右移动探头使 F1 达到探伤仪屏幕满刻度的 25% 或 F1/B1 = 50%，此时，探头中心点即为缺陷的边界点，以较严重的为准。

3）当 B1 < 50% 时，左右移动探头，使 B1 达到探伤仪屏幕满刻度的 50%，此时探头移动的距离为缺陷的指示长度，探头中心为缺陷边界。

3.缺陷的评定

1）以单个缺陷的最大长度作为该缺陷的指示长度，若指示长度小于 40mm 时，则其长度可不做记录。

2）单个缺陷边界范围内的面积作为该缺陷的单个指示面积。当多个缺陷的相邻间距小于 100mm 或间距小于相邻缺陷的指示长度（取其较大值）时，各缺陷面积之和作为单个缺陷指示面积。

3）对于密集缺陷显示在任一 1m×1m 检测面积内，按缺陷面积占的百分比来确定。

4.钢板的质量分级

GB/T 2970—2016 根据缺陷的指示长度和面积大小将钢板质量分为四级，分级方法见表 6-3。

表 6-3　钢板质量分级表

级别	不允许存在的单个缺陷的指示长度 /mm	不允许存在的单个缺陷的指示面积 /cm²	在任一 1m×1m 检测面积内不允许存在的缺陷面积百分比（%）	以下单个缺陷指示面积不记 /cm²
	不小于	不小于	大于	小于
I	80	25	3	9
II	100	50	5	15
III	120	100	10	25
IV	150	100	10	25

在检测过程中，检测人员如确认钢板中有白点、裂纹等危害性缺陷存在时，应评为V级。在坡口预定线两侧各50mm（当板厚超过100mm时，以板厚的一半为准）内，缺陷的指示长度大于或等于50mm时，应评为V级。

技能大师经验谈： 在钢板探伤中，经常会出现底面反射回波突然消失的情况，引起底波消失有以下几种：

1）表面氧化皮与钢板结合不好。

2）近表面有大面积的缺陷。

3）钢板中有吸收性缺陷（如疏松或密集小夹层）。

4）钢板中有倾斜的大缺陷。

6.2 复合钢板超声检测

复合钢板是通过热轧复合法、冷轧复合法、爆炸焊接复合法等制造方法将两种不同材料的板材复合在一起的钢板。复合钢板同时具有两种不同钢种的特性，增加了钢板耐蚀性、硬度、导电性、抗振性能，在压力容器、汽车、铁路、航空、军事制造业中得到了广泛的应用。复合钢板由于在制造过程中容易产生未结合等缺陷，采用超声波纵波方法从复板一侧或者基板一侧对复合钢板进行检测，下面具体介绍其检测步骤。

▶ 6.2.1 检测设备选择

1）检测仪器：数字化超声波探伤仪（kW-4C）。

2）探头型号：探头频率为 2.5～5MHz，探头直径 $\phi14～\phi30mm$，纵波直探头，如图 6-15 所示。

3）校验试块：对比试块选用与被检工件相同或相近的复合钢板制作，对比试块的尺寸和形状，如图 6-16 所示。

图 6-15 探头种类

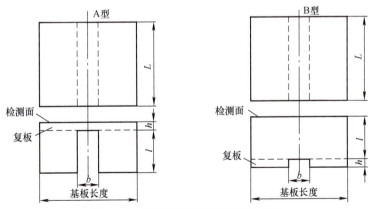

图 6-16 从复板和基板检测对比试块

107

4）耦合剂：采用局部水浸直接接触。

注意：校验灵敏度和检测过程中要使用同一种耦合剂。

⏩ 6.2.2 检测灵敏度确定

1）如图6-17所示，将探头放在对比试块完全结合位置，调节仪器使第一次底面回波高度为探伤仪屏幕上垂直方向满刻度的80%，即为基础检测灵敏度。

2）将探头放置在对比试块人工缺陷上，从复板一侧检测找到底面回波最小高度位置记录下此时的波高 B_a 值（图6-18a）。从基板一侧检测找到人工缺陷的最高回波，记录此时的 F_b/B_b 的 dB 值（图6-18b）。

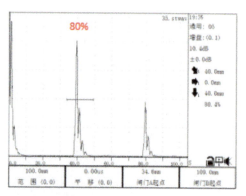

图6-17　灵敏度确定示意图

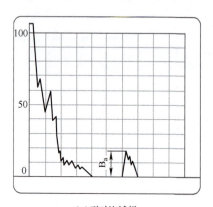

a）A型对比试样

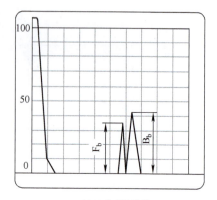

b）B型对比试样

图6-18　对比试块波形显示

3）扫查灵敏度：基础灵敏度提高 6dB 作为扫查灵敏度。

6.2.3 扫查方式

如图 6-19 所示，探头在基板或复板一侧，沿垂直于钢板压延方向进行平行线扫查，扫查间隔不大于 50mm，扫查速度不大于 200mm/s，探头移动覆盖率不小于 10%。钢板周围 50mm 及坡口预定线两侧各 25mm 内沿周边进行全覆盖扫查。

图 6-20 复板侧测长方法

2）从基板一侧检测时，若缺陷回波高于 F_b/B_b 的 dB 值，即为未结合部分。未结合区域测量采用半波高度法，即发现缺陷时移动探头，缺陷回波在探伤仪屏幕上降为一半时，探头中心之间的距离为不结合部分的长度和宽度，如图 6-21 所示。

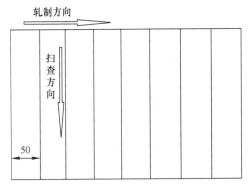

图 6-19 探头扫查示意图

6.2.4 未结合的评定

1）从复板一侧检测时有多次缺陷回波，且第一次底面回波高度低于 B_a，即为未结合部分。未结合区域测量采用全波消失法，即发现缺陷时移动探头，缺陷回波在探伤仪屏幕上消失时，探头内侧之间的距离为不结合部分的长度和宽度，如图 6-20 所示。

图 6-21 基板侧测长方法

3）未结合缺陷的分级评定方法见表 6-4。

表 6-4　未结合缺陷分级

等级	允许存在的单个缺陷的指示面积 / mm²	1m×1m 内允许存在的缺陷数 / 个	单个缺陷的指示长度 /mm	任一 1m×1m 面积内允许存在缺陷面积的百分比（%）	可不记录的单个缺陷指示长度 /mm
I	< 1600	3	< 60	≤ 2	≤ 30
II	< 3600	3	< 80	≤ 3	≤ 40
III	< 6400	3	< 120	≤ 4	≤ 50

　　两个缺陷之间的最小距离≤ 20mm 时，其缺陷面积应为两个缺陷面积之和，面积小于 900mm² 未结合缺陷不计个数。任意一平方米内不做记录的未结合区应不超过两处。

6.2.5　缺陷的识别

　　1. 两种复合材料声阻抗相近时波形特征

　　（1）基板侧检测波形特征　复合良好区，无界面回波，只有底面回波 B1；不完全脱接，在底面回波 B1 前有多峰缺陷波，底面回波 B1 降低；完全脱接，只有缺陷回波，底波很低或消失，如图 6-22 所示。

全脱接，底面回波 B1 降低，始波和底面回波后面有多峰缺陷波；完全脱接，只有多峰缺陷回波，波变宽，底波消失，如图 6-23 所示。

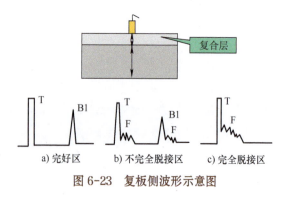

图 6-23　复板侧波形示意图

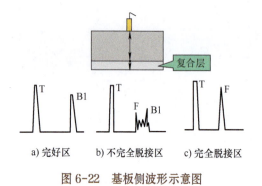

图 6-22　基板侧波形示意图

　　（2）复板侧检测波形特征　复合良好区，无界面回波，只有底面回波 B1；不完

　　2. 两种复合材料声阻抗相差较大时波形特征

　　复合钢板结合良好时，由于两种材料声阻抗差距大的原因，在探伤仪屏幕上同时出现界面波和缺陷波两种波形显示，容易造成相互混淆判别困难，经常用工件

上复合界面波 S 的宽度 L、波高和底面回波 B1 同对比试块扫查结果相比较进行辨别。

（1）从复板侧检测　复合良好的复合钢板的波形特征为 L 工件小于 L 试块，B1 工件高于 B1 试块，如图 6-24 所示。

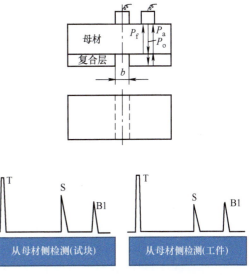

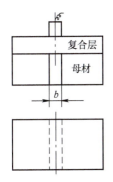

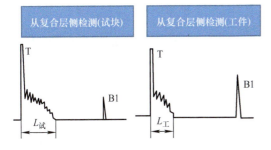

图 6-24　复板侧波形示意图

（2）从基板侧检测　复合良好的波形特征为 S 工件低于 S 试块，B1 工件高于 B1 试块，如图 6-25 所示。

图 6-25　基板侧波形示意图

技能大师经验谈：在对复合钢板完全结合部分进行检测时，如果发现完好底面回波高度超过 70%～90% 的范围，应及时校正检测灵敏度，使完好底面回波高度为 80%。在测量复合钢板未结合长度时，一定要注意探头是在复板侧还是在基板侧，探头检测面的不同则测量缺陷长度的方法也不同。探头在复板侧检测采用全波消失法测量缺陷长度，移动探头，当反射回波在探伤仪屏幕上消失时，探头晶片内侧之间移动的距离为未结合长度；探头在基板侧检测采用半波高度法测量缺陷长度，探头移动，当反射回波降到一半时，探头中心之间移动的距离为未结合长度。

6.3 钢板水浸超声检测

钢板水浸超声检测采用充水探头耦合法时，探头与钢板不直接接触，如图6-26所示，探头和钢板之间通过充满水实现耦合。探头发射的声波到达水/钢界面时，一部分产生界面反射回波，在超声波探伤仪屏幕上显示界面多次回波，另一部分声波进入钢板，在传到钢板底面时被反射回钢与水的界面上，声波穿过界面进入水中被探头接收，超声波屏幕上显示钢板多次底面回波。多次界面反射波和钢板底面的多次反射波各有其波形规律！它们互相干扰，这样不利于探伤。通过调整水层厚度，使水/钢界面回波分别与钢板多次底面回波重合，这时探伤仪屏幕上波形清晰，有利于将缺陷和界面底面回波区分开来。这种方法称为充水多次重合法。

根据钢板和水的声速，通过已知界面回波与钢板底面回波重合次数，计算可得水层厚度 H 来确定扫查速度比例，各次重合水层厚度与钢板厚度 δ 的关系为

$$H = n\delta \frac{C}{C_L} = n\delta \times \frac{1480}{5900} \approx \frac{n\delta}{4} \quad (6\text{-}1)$$

式中　n——重合次数；
　　　δ——钢板厚度（mm）；
　　　C——水中纵波声速（m/s）；
　　　C_L——钢中纵波声速（m/s）。

6.3.1 一次重合的扫查速度调节

当水层多次回波与每一个钢板底面多次回波重合时称为一次重合的扫查速度调节。

现以探测 40mm 厚的钢板为例，要求一次重合时，根据式（6-1）求得水层厚度 H，即为

$$H = \frac{n\delta}{4} = \frac{1 \times 40\text{mm}}{4} = 10\text{mm}$$

由于钢中纵波声速是水中纵波声速的4倍，声波在水中传播 10mm 的距离相当于在钢中传播 40mm 的距离。

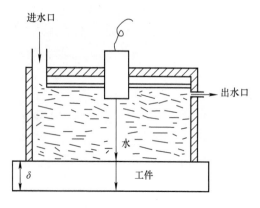

图 6-26　充水耦合法

进水口

出水口

水

δ　工件

一次重合的扫查速度调节方法，探伤仪零点和声速校准后，调节探伤仪使一次界面回波 S1 和二次界面回波 S2 在探伤仪屏幕水平刻度轴上的位置分别为 4 格和 8 格，一次底波回波 B1 与 S2 重合。此时，探伤仪按声程 1:1 调节扫查速度完成，如图 6-27 所示，探伤仪屏幕水平刻度轴上每格代表声程 10mm。

仪零点和声速校准后，调节探伤仪使一次界面回波 S1 和二次界面回波 S2 在示波屏水平刻度轴上的位置分别为 4 格和 8 格，B1 为 6 格，二次底波回波 B2 与 S2 重合。此时，探伤仪按声程 1:2 调节扫查速度完成，探伤仪屏幕水平刻度轴上每格代表声程 20mm。探伤仪屏幕上界面回波和底面回波，如图 6-28 所示。

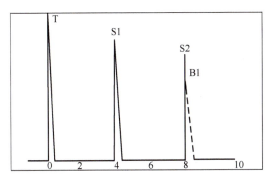

图 6-27　一次重合的扫查速度调节示意图

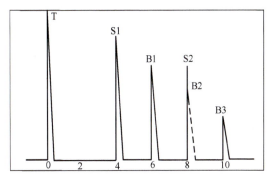

图 6-28　二次重合的扫查速度调节示意图

▶ 6.3.2　二次重合的扫查速度调节

二次重合时，根据式（6-1）求得水层厚度，即

$$H = \frac{n\delta}{4} = \frac{2 \times 40mm}{4} = 20mm$$

由于钢中纵波声速是水中纵波声速的 4 倍，超声波在水中传播 20mm 的距离相当于超声波在钢中传播 80mm 的距离。

二次重合的扫查速度调节方法，探伤

▶ 6.3.3　三次重合的扫查速度调节

三次重合时，根据式（6-1）求得水层厚度，即

$$H = \frac{n\delta}{4} = \frac{3 \times 40mm}{4} = 30mm$$

同理，由于钢中纵波声速是水中纵波声速的 4 倍，声波在水中传播 30mm 的距离相当于在钢中传播 120mm 的距离。

三次重合的扫查速度调节方法，探伤

仪零点和声速校准后，调节探伤仪使一次界面回波 S1 和二次界面回波 S2 在探伤仪屏幕水平刻度轴上的位置分别为 4 格和 8 格，B1 为 5.33 格，B2 为 6.66 格，三次底波回波 B3 与 S2 重合。B4 为 9.33 格，此时，探伤仪按声程 1:3 调节扫查速度完成，探伤仪屏幕水平刻度轴上每格代表声程 30mm。探伤仪屏幕上界面回波和底面回波如图 6-29 所示。

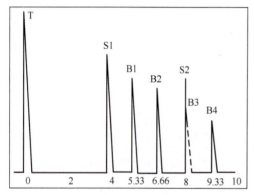

图 6-29　三次重合的扫查速度调节示意图

▶ 6.3.4　四次重合的扫查速度调节

四次重合时，根据式（6-1）求得水层厚度，即

$$H = \frac{n\delta}{4} = \frac{4 \times 40mm}{4} = 40mm$$

同理，由于钢中纵波声速是水中纵波声速的 4 倍，声波在水中传播 40mm 的距

离相当于在钢中传播 160mm 的距离。

四次重合的扫查速度调节方法，探伤仪零点和声速校准后，调节探伤仪使一次界面回波 S1 和二次界面回波 S2 在探伤仪屏幕水平刻度轴上的位置分别为 4 格和 8 格，B1、B2、B3，分别为 5、6、7 格，四次底波回波 B4 与 S2 重合。此时，探伤仪按声程 1:4 调节扫查速度完成，探伤仪屏幕水平刻度轴上每格代表声程 40mm。探伤仪屏幕上界面回波和底面回波如图 6-30 所示。

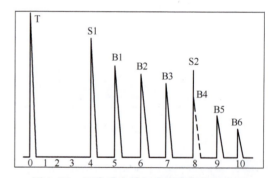

图 6-30　四次重合的扫查速度调节示意图

▶ 6.3.5　实际验证

检测时，由于缺陷波总是在一次回波和一次底波之间出现，所以可根据缺陷波在探伤仪屏幕水平刻度轴上的位置，通过下式计算来求得缺陷离钢板表面的距离 h

$$h = (T_f - S_1)n \qquad (6-2)$$

式中 T_f——缺陷波在示波屏水平刻度轴上的读数；

n——重合次数。

例如：采用四次重合的扫查速度调节法检测 40mm 厚的钢板，扫查速度为 1:4，缺陷波在探伤仪屏幕水平刻度轴上读数为 4.5 格，求缺陷至钢板表面距离？

可根据式（6-2）求得

$$h = (T_f - S_1)n = (4.5 - 4.0)\text{mm} \times 4 = 2\text{mm}$$

也就是说，将缺陷波前沿在探伤仪屏幕水平刻度轴上所对应的数值，减去界面回波 S_1 所对应的数值，乘以重合次数即为缺陷至钢板表面的距离。经解剖验证，缺陷至钢板表面的距离与探伤结果相符。

技能大师经验谈：钢板水浸法超声检测，在检测过程中，只要观察探伤仪屏幕水平刻度轴上第一次界面回波 S1 与第一次底面回波 B1 之间有没有其他波形出现，如果 S1 与 B1 之间有波形出现，说明该钢板中有缺陷存在，需进一步确定缺陷的当量和缺陷的面积；如 S1 与 B1 之间没有波形出现，说明该钢板没有缺陷存在。

6.4　中厚钢板横波超声检测

超声直探头检测钢板时，对钢板内部平行于检测面的缺陷检出率高，对钢板内部不平行于检测面的非夹层性缺陷和表面缺陷检出效果不明显，因为超声波声束入射到这些缺陷表面时，产生波形转换，改变了反射方向，探头接收不到这些缺陷的反射回波信号，探伤仪屏幕上没有这些缺陷的信号显示，使这些缺陷容易漏检，根据钢板不同缺陷的特点采用横波超声检测方法检测这些缺陷，是对直探头检测的很好补充。

下面以 40mm 厚度钢板为例，介绍横波超声检测具体的操作方法。

6.4.1　检测设备选择

1）检测仪器：数字化超声波探伤仪（KW-4C）。

2）探头型号：探头频率为 2～5MHz，探头折射角为 45° 的斜探头（K1），方晶片面积 ≥ 200mm²，如图 6-31 所示。

3）校验试块：对比试样上的人工缺陷反射体为 V 形槽，开口角度为 60°，槽深

图 6-31　探头型号

为板厚的 3%，槽的长度不小于 25mm。刻槽的方向垂直于长轴，且距钢板长边沿不小于 50mm，对比试块长度不小于 $3T = 50mm$（T—钢板厚度），对比试样中槽的尺寸及位置如图 6-32 所示。

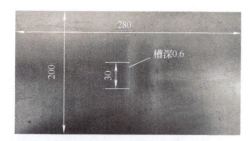

图 6-32　对比试块示意图

4）耦合剂：采用润滑油或水。

注意：校验灵敏度和检测过程中要使用同一种耦合剂。

▶ 6.4.2　声速和前沿距离校准

1. 斜探头声速校准

方法同 3.2 节斜探头声速校准方法，前沿距离测量方法同 3.5.2 节斜探头入射点的测试方法。

2. K 值校准

K 值校准方法同 3.5.3 节斜探头 K 值测试方法。

▶ 6.4.3　基准灵敏度的确定

1）把探头放在对比试块有槽的一面，前后移动探头找到 V 形槽反射信号的最大波高，调整探伤仪，使该反射波的最大波高调至探伤仪屏幕垂直满刻度的 50% ~ 75%，记录下该信号的幅度和位置，如图 6-33 所示。

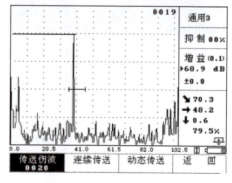

图 6-33　V 形槽一次反射回波示意图

2）将探头向后移动找到第二个 V 形槽反射信号最大反射波高，记下这一信号幅度和位置，将这两点连成一直线，即为该材料的距离－波高曲线，如图 6-34 所示。

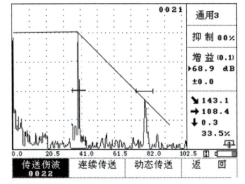

图 6-34　灵敏度距离－波高曲线

6.4.4　扫查方法

如图 6-35 所示，将探头置于钢板的一条边沿附近，声波入射方向指向该边，沿着平行于该边沿的格子线水平移动探头，

格子线中心距为 200mm，之后逐格线扫查，直到超过钢板中心两个钢板厚度的格子线扫查完毕为止。钢板其他三条边按照同样方式扫查。

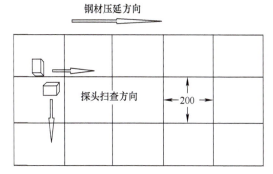

图 6-35　斜探头扫查示意图

6.4.5　评定标准

1）任何等于或超过距离－波高曲线的缺陷指示均认为不合格，如图 6-36 所示。

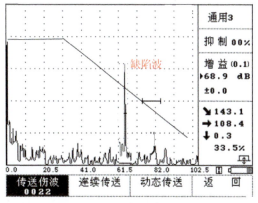

图 6-36　不合格波形显示

2）当发现波高等于或超过距离－波高曲线的缺陷信号时，移动探头找到探伤仪屏幕上的最大反射波波高，并记录其位置。对于波高低于距离－波高曲线的显示不做记录。

3）前后左右移动探头使缺陷波高降至峰值的25%时，探头中心间的距离为缺陷长度。

4）在记录的缺陷位置上，从缺陷中心起，在 250mm×250mm 的区域内，声束垂直和平行于压延方向做 100% 扫查。

技能大师经验谈：采用横波超声检测发现的不合格缺陷，通过纵波检测方法辅助确定缺陷性质，是分层类的则按照纵波检测规定进行定级判定。

6.5 40mm 厚钢板纵波超声检测

厚钢板是桥梁、锅炉、压力容器等钢结构工程中广泛应用的材料，是钢坯经过加热，当温度超过再结晶温度后轧制而成的。由于钢锭中存在气孔、疏松、夹杂缺陷，在轧制成钢板过程中这些点状缺陷就会形成面积型缺陷。此类缺陷平行于钢板表面，会严重影响钢板的 Z 向性能，采用超声检测的方式将这些钢板的内部缺陷检测出来，对保障钢板质量达到合格标准要求尤为重要。

在实际检测中经常对厚度为 40mm 钢板进行超声检测，具体的检测步骤如下。

6.5.1 检测设备选择

1）检测仪器：数字化超声波探伤仪（kW-4C）。

2）探头型号：频率大于 2.0MHz，探头直径 $\phi 14 \sim \phi 25$mm，纵波直探头，如图 6-37 所示。

图 6-37 检测用探头

3）校验试块：试块 CBⅡ 结构和规格尺寸见表 6-5，根据被检钢板厚度不同，参照表 6-5 选用相对应的 CBⅡ 试块校准检测基本灵敏度。

表 6-5   直探头用对比试块

（单位：mm）

试块编号	板材厚度 t	检测面到平底孔距离 s	试块厚度 T
1	> 13 ~ 20	7	≯ 15
2	> 20 ~ 40	15	≯ 20
3	> 40 ~ 60	30	≯ 40
4	> 60 ~ 100	50	≯ 65
5	> 100 ~ 160	90	≯ 110
6	> 160 ~ 200	140	≯ 170
7	> 200	T−30	≯ 0.9t

4）耦合剂：采用润滑油或水。

注意：校验灵敏度和检测过程中要使用同一种耦合剂。

▶ 6.5.2   零点校准

如图 6-38 所示，将探头放在被检钢板无缺陷位置上，调节探伤仪，使被检钢板的第 1 次、第 2 次底面回波前沿分别对准探伤仪屏幕水平刻度的第 4、第 8 大格，使被检钢板第 1 次底波回波高度调至示波屏满刻度的 80%，按"确认"键，零点校准完成，即探伤仪屏幕水平刻度的每 1 大格代表钢板实际厚度 10mm（全长声程 100mm）。

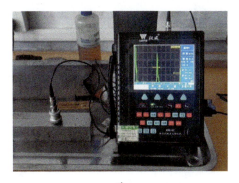

a)

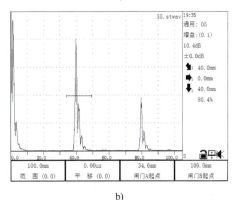

b)

图 6-38   零点校准

▶ 6.5.3   表面补偿测定

如图 6-39 所示，被检钢板厚度为 40mm，查表 6-5 得知 CBⅡ-1 号试块符合条件。将探头放在 CBⅡ-1 号试块上，将试块回波高度调至探伤仪屏幕满刻度的 80%，记录下此时的 dB 值，与被检钢板的第 1 次底波回波高度 80% 的 dB 值之间的差 ΔdB 值，即为表面补偿。

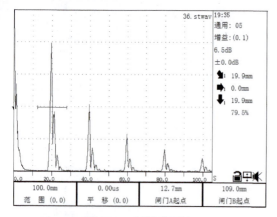

图 6-39　试块底面波

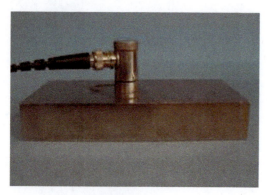

$\Delta dB = 10.4\text{dB} - 6.5\text{dB} = 3.9\text{dB}$，因此表面补偿 3.9dB。

6.5.4　灵敏度确定

如图 6-40 所示，将直探头放在 CBⅡ-1 号试块上，调节探伤仪，将 ϕ5mm 平底孔回波高度调至满刻度的 50%，即为检测灵敏度。再加上表面补偿值，探伤仪设置完成，检测过程中探伤仪增益值不变。

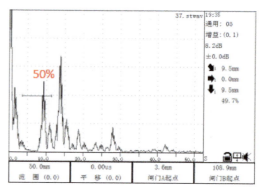

图 6-40　灵敏度波形显示

6.5.5　扫查方式

如图 6-41 所示，将直探头放置在轧制面上，沿垂直于钢板压延方向进行平行线扫查，扫查间隔不大于 100mm，扫查速度不大于 150mm/s。钢板周围 50mm 及坡口预定线两侧各 25mm 内沿周边进行全覆盖扫查。

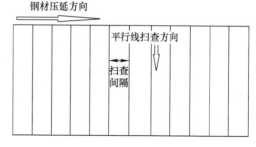

图 6-41　探头扫查方式示意图

6.5.6 缺陷识别

将探头按照图 6-41 所示的扫查轨迹，在钢板表面进行扫查，如果发现钢板一次底波 B1 和缺陷 F1 波高，符合下面 3 种情况中的任一情况时，即认定该显示为缺陷。

情况 1：如图 6-42 所示，当缺陷第 1 次回波波高 F1 大于或等于探伤仪屏幕垂直满刻度的 50%，即 F1 ≥ 50%。利用半波高度法确定缺陷的边界。

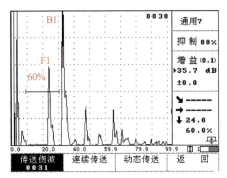

图 6-42 情况 1 波形显示特征

情况 2：如图 6-43 所示，当底波 B1 高度低于 100%，当缺陷波 F1 与底波 B1 的比值 ≥ 50%。

移动探头，将缺陷波下降到检测灵敏度条件下探伤仪屏幕垂直满刻度的 25% 或使缺陷第一次反射波与底面第一次反射波波高之比为 50%。此时，探头中心点即为缺陷的边界点。两种方法测得的结果以较严重的为准。

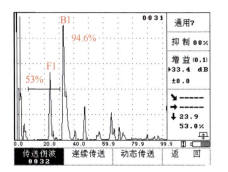

图 6-43 情况 2 波形显示特征

移动探头，将缺陷波下降到检测灵敏度条件下探伤仪屏幕垂直满刻度的 25% 或使缺陷第一次反射波与底面第一次反射波波高之比为 50%。此时，探头中心点即为缺陷的边界点。两种方法测得的结果以较严重的为准。

情况 3：如图 6-44 所示，当底波 B1 高度低于 50%，F1 < 50%。移动探头，将钢板底面第 1 次反射回波升高到检测灵敏度条件下探伤仪屏幕垂直满刻度的 50%。此时，探头中心点即为缺陷的边界点。

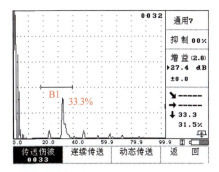

图 6-44 情况 3 波形显示特征

6.5.7 评定等级

按照表 6-6 的钢板质量等级评定表，对钢板检测缺陷的大小进行评定。

表 6-6 钢板质量等级

级别	不允许存在的单个缺陷的指示长度 /mm	不允许存在的单个缺陷的指示面积 /cm²	在任一 1m×1m 检测面积内不允许存在的缺陷面积百分比（%）	以下单个缺陷指示面积不记 /cm²
	不小于	不小于	大于	小于
I	80	25	3	9
II	100	50	5	15
III	120	100	10	25
IV	150	100	10	25

6.6 板材纵波检测缺陷和非缺陷波形识别

在板材超声检测中，采用纵波脉冲反射法通过观察探伤仪屏幕上缺陷回波显示和底面波回波显示的波形特点，来判断缺陷存在的位置、大小。

6.6.1 板材内无缺陷波形识别

在板材检测中，探伤仪屏幕上只有始波、多次回波且回波高度逐渐降低，各回波之间的距离等于第一次回波到始波的距离，这个距离等于被检测板材的厚度，此时探伤仪屏幕上显示的上述波形特征代表板材内部没有缺陷，如图 6-45 所示。

6.6.2 板材内有大缺陷波形识别

如图 6-46 所示，在板材检测中，探伤仪屏幕上存在始波、多次回波且回波高度逐渐降低，各回波之间的距离等于第一次回波到始波的距离，这个距离小于被检测板材的厚度，此时探伤仪屏幕上显示的上述波形特征代表板材内部有大缺陷。

6.6.3 板材内有小缺陷波形识别

在板材检测中如果是板材中有小缺陷时，探伤仪屏幕上会同时出现始波、多次底面回波和缺陷多次回波的显示特征，如图 6-47 所示，依据小缺陷在板厚中的位置不同，探伤仪屏幕上显示多次底面回波和多次缺陷回波的波形特征也随之改变。

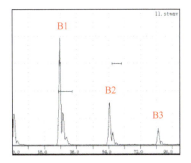

图 6-45　无缺陷波形显示

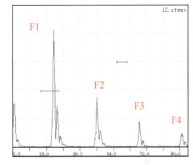

图 6-46　大缺陷波形显示

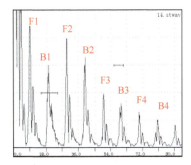

图 6-47　小缺陷波形显示

1. 当小缺陷正好在板材厚度方向的一半位置

探伤仪屏幕上同时存在始波、多次缺陷波和多次底面回波，多次底面回波逐渐降低，各回波之间的距离等于第一次回波到始波的距离，这个距离等于被检测板材的厚度，同时始波和各底面回波中间存在缺陷回波，始波到缺陷回波的距离等于缺陷波到底面回波的距离，且多次缺陷回波高度逐步下降，缺陷偶数回波和底面回波重合，此时探伤仪屏幕上显示的上述波形特征代表板材内部厚度方向的一半位置有小缺陷，如图6-48所示。

2. 当小缺陷在板材厚度方向的上半部

探伤仪屏幕上同时存在始波、多次缺陷波和多次底面回波，多次底面回波逐渐降低，各回波之间的距离等于第一次回波到始波的距离，这个距离等于被检测板材的厚度，同时始波和各底面回波中间存在至少两次缺陷回波，此时探伤仪屏幕上显示的上述波形特征，代表板材内厚度方向的上半部位置有小缺陷，如图6-49所示。

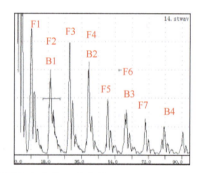

图6-48　小缺陷在厚度方向的一半位置

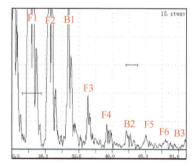

图6-49　小缺陷在厚度方向的上半部

3.当小缺陷在板材厚度方向的下半部

探伤仪屏幕上同时存在始波、多次缺陷波和多次底面回波,多次底面回波逐渐降低,各回波之间的距离等于第一次回波到始波的距离,这个距离等于被检测板材的厚度,同时在多次底面回波前都有一个缺陷回波,缺陷多次回波的间距都等于第一次缺陷回波到始波的距离,此时仪器屏幕上显示的上述波形特征代表板材内厚度方向的下半部位置有小缺陷,如图6-50所示。

<h3>6.6.4   板材内有倾斜缺陷波形识别</h3>

在板材检测中,探伤仪屏幕上只有始波,没有缺陷回波和板材底面回波,这种波形显示特征可能是板材内部存在着和检测面有一定倾斜角度的大于声束截面的缺陷,探头发射的声波遇到缺陷时经过波形转换,反射到其他方向,探头接收不到缺陷和底面回波信号,此时探伤仪屏幕上显示的上述波形特征代表板材内部存在倾斜的大缺陷,如图6-51所示。

技能大师经验谈:在板材检测时,探伤仪屏幕上显示多种回波混在一起,如何将底面回波和缺陷回波识别出来呢?首先根据底面回波的特点,找到底面多次回波在探伤仪屏幕上的显示位置,最后根据底面回波前缺陷回波的四种显示特征,就能准确地判断出缺陷在板材中的位置。当探伤仪屏幕上显示的波形复杂时,可将探头移到板材无缺陷的位置上确定底波的位置。

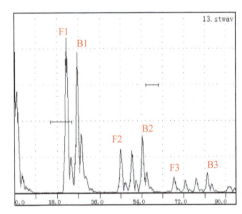

图6-50 小缺陷在厚度方向的下半部

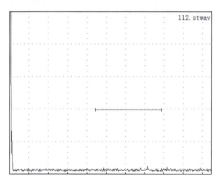

图 6-51　倾斜缺陷波形显示

6.7　比例作图法在中厚板超声检测中的应用

在超声波对板类工件探伤时，经常会遇到面积较大，且形状复杂的各类缺陷，由于 $T \leqslant 3N$，无法采用当量法计算来判定缺陷的大小，更难判断缺陷的性质和状态。

对这样的缺陷采用比例作图法能够将缺陷的形状直观地显露出来，以便确定缺陷的大小和判断缺陷的性质。现以板类探伤为例，介绍比例作图法在板类材料超声检测中的应用。

▶ 6.7.1　比例作图法

在超声板材检测中，探头在板材表面上移动时，如果发现在一段较长距离内探伤仪屏幕上一直出现连续不断的缺陷信号显示，这时将探头间隔一定的距离在板材表面上做逐点检测，并根据各检测点的缺陷深度，缺陷波的回波高度以及对底面回波的影响等参数变化情况，找到缺陷回波将其波高调整到满刻度的 80%，采用 6dB 方法找到缺陷的边缘，将各点连接起来并绘制在工件表面上，最后对工件上显示缺陷的大小和形状进行测量。这种测量缺陷的方法叫作比例作图法。

▶ 6.7.2　探伤条件选择

1. 检测前准备

单晶直探头声速和探头零点校准所需探伤仪和设备，如图 6-52 所示。

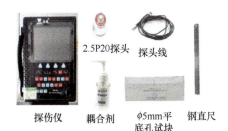

2.5P20探头　探头线

探伤仪　耦合剂　φ5mm平底孔试块　钢直尺

图 6-52　检测钢板所需设备

2. 探头的选择

1）探头频率：直探头频率为 2～5MHz，对晶粒粗大锻件选用探头频率为 1～2.5MHz。

2）晶片尺寸：φ14～φ25mm，常用 φ20mm。

3. 表面要求和耦合剂

1）表面要求：检测面表面要求平整且和底面平行，被检工件表面无氧化皮和污物等附着物，表面粗糙度 Ra 值应小于 6.3μm。

2）耦合剂：润滑油、甘油、工业糨糊等。

4. 扫查方式

如图 6-53 所示，采用在互相垂直的两个方向上进行网格化 100% 扫查，扫查覆盖面积为探头直径尺寸 15%，手动探头扫查

速度不大于 150mm/s，在板材上下两面进行扫查。

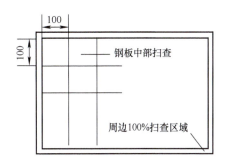

钢板中部扫查

周边100%扫查区域

图 6-53　探头扫查示意图

6.7.3　扫描线比例和灵敏度调节

1. 试块调节法

1）满足条件：试块材质和被检工件相同或相近。

2）扫描比例调节：第一次底波在水平方向满刻度的 80% 左右。

3）灵敏度调节：将探头分别放置在试块 10mm、20mm、30mm 的 φ5mm 平底孔上，如图 6-54 所示，制作 DAC 距离–波高曲线，并以此曲线作为基准灵敏度，如图 6-55 所示。

图 6-54　灵敏度测试过程

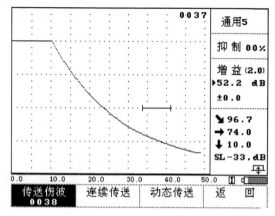

图 6-55　DAC 曲线的制作

2. 利用工件调节

1）扫描比例调节：例如工件厚度为 40mm，将探头放置在工件上，调节探伤仪将第一次、第二次底面回波，调到探伤仪屏幕上的第 4 格和第 8 格上，这样声程距

离 1∶1 调节完成，如图 6-56 所示。

2）灵敏度调节：将探头放在工件无缺陷的位置上，调节探伤仪使第一次底面回波高度达到满刻度的 80%，此时的 dB 值为基准灵敏度，如图 6-55 所示。

3）扫查灵敏度：在上述基准灵敏度基础上再增益 6dB，作为扫查灵敏度。

6.7.4　比例作图法的操作步骤

1. 起始测定点的确定

探头在钢板上扫查时发现探伤仪屏幕上有缺陷回波显示，将缺陷波高调至满刻度的 80%，如图 6-57 所示，左右移动探头采用 6dB 法找到缺陷的边缘，如图 6-58 所示，这个点就作为起始测定点。

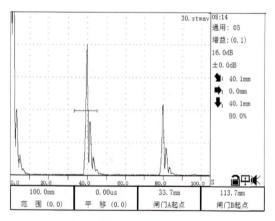

图 6-56　扫描比例和灵敏度调节

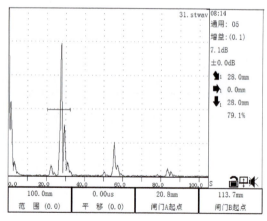

图 6-57　缺陷波形显示

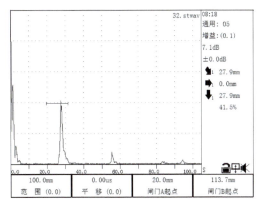

图 6-58 缺陷边缘显示

2.逐点测量

从起始测定点开始，相隔一个探头直径的距离，沿缺陷波显示的方向采用6dB法找到整个缺陷的边缘，进行逐点测量。

3.记录测量点数据

记录每个测量点的位置和探伤仪屏幕上显示的缺陷深度值。

4.绘制缺陷截面图

如图 6-59 所示，根据记录的缺陷的边缘位置和每个测量点显示的缺陷深度数值，按一定比例画出缺陷的截面图。

5.绘制缺陷的平面图

如图 6-59 所示，把工件上的每个测量点用弧线连接起来，显示缺陷的大致形状。

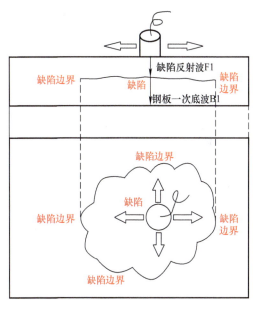

图 6-59 比例作图法缺陷示意图

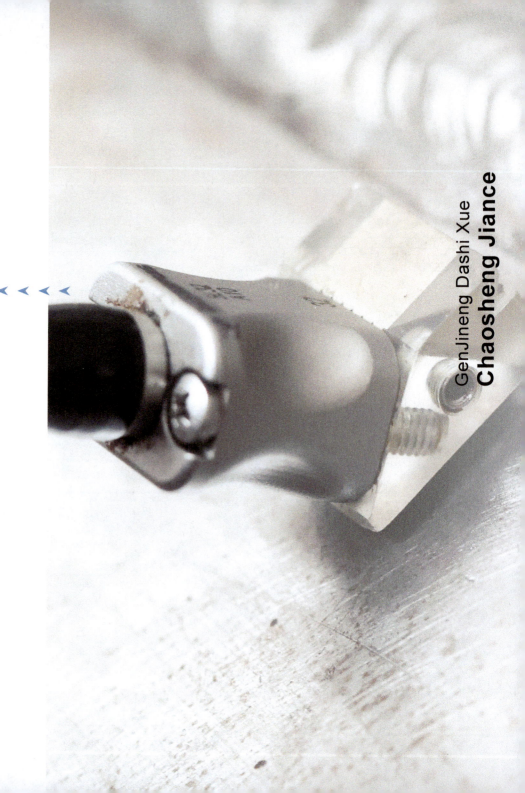

7

焊缝超声检测

Chaosheng Jiance

超声检测是目前检测焊接接头缺陷常用的一种无损检测技术。为了能够合理地选择检测方法和检测条件，无损检测人员除要具备熟练的检测技术外，还要了解有关焊接基础知识，如焊接接头形式、焊接坡口形式、常见焊接缺陷等。

7.1 焊缝常见的缺陷

焊接是通过加热或加压，或两者共用，并且采用或者不用填充材料，使工件达到原子结合的一种加工方法。常用的焊接方法有熔焊、钎焊、压焊和特种焊接等，超声检测主要是检测熔焊焊接接头。

7.1.1 熔焊接头形式

金属熔焊焊接部位的总称叫作焊接接头，如图 7-1 所示，主要分为对接接头、角接接头、T 形接头和搭接接头四种。对接接头常用于板材和管道对接焊缝，角接接头常用于箱形梁的角接焊缝，T 形接头常用于压力容器腹板和翼板的接口焊接。

7.1.2 熔焊坡口形式

坡口形式是指根据设计和工艺需要，在焊接前对焊接工件坡口边缘进行加工并装配成的一定几何形状。根据焊接工件的母材厚度、焊接方法、焊接形式和要求不同，可采用不同的坡口形式，焊接完成后形成不同形状的焊缝，如图 7-2 所示。

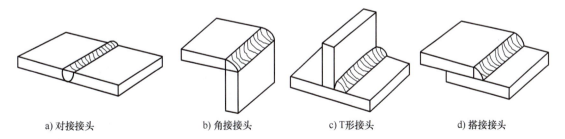

a) 对接接头　　　b) 角接接头　　　c) T形接头　　　d) 搭接接头

图 7-1　接头形式

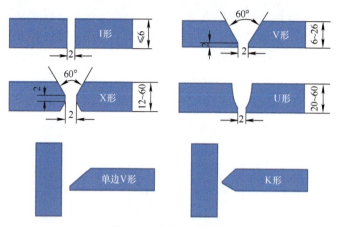

图7-2　常见坡口形式

7.1.3　常见焊接缺陷

焊接接头中常见的缺陷主要有平面缺陷和体积型缺陷，其中气孔、夹渣是体积型缺陷，危害性较小；未熔合、未焊透、裂纹属于平面形缺陷，危害性较大，缺陷特点是与被检测面垂直或成一定角度，为更好地发现这些平面缺陷采用横波斜探头检测。

1. 气孔

气孔是指在焊接冷却凝固前，气体没逸出残留在焊接金属内形成的空穴，如图7-3所示。

2. 夹渣

夹渣是指残留在焊缝金属中的焊渣，如图7-4所示。金属夹渣是残留在焊缝金属内的异质金属颗粒如夹铜或夹钨。

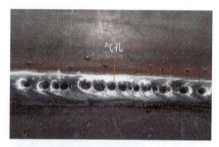

图7-3　链状气孔

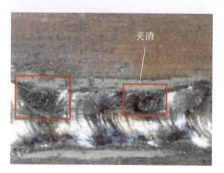

图7-4　夹渣

3. 未熔合

未熔合是指焊缝金属与母材之间或焊道金属之间未完全熔化结合在一起的现象。根据未熔合产生的位置不同分为侧壁未熔合、层间未熔合、根部未熔合，如图 7-5 所示。

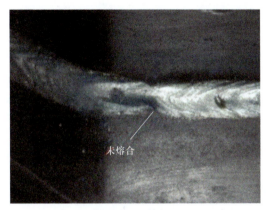

图 7-5　未熔合

4. 未焊透

未焊透是指焊接接头根部未完全熔透，如图 7-6 所示。应注意，未焊透要根据技术规范和要求评定其是否为缺陷。

5. 裂纹

裂纹是对焊接接头质量影响最大的缺陷，如图 7-7 所示。按裂纹取向分为纵向裂纹和横向裂纹，根据产生的阶段不同分为热裂纹、冷裂纹和再热裂纹。

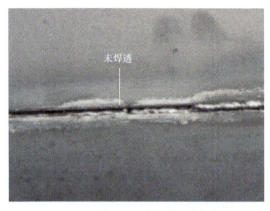

图 7-6　未焊透

图 7-7　裂纹

7.2 焊缝超声检测方法

7.2.1 焊缝检测技术等级的选择

焊缝超声检测技术等级主要是根据检测面的数量、使用检测探头个数、是否检测横向缺陷以及焊缝余高是否磨平等来划分，分为A级、B级、C级三种。

下面以板厚8~46mm的对接焊缝为例，介绍不同技术等级的检测方法。

A级检测：用一种K值探头，采用一次波和二次波在焊缝的单面单侧扫查检测，不需要检测横向缺陷。

B级检测：用一种K值探头，采用一次波和二次波在焊缝的单面双侧扫查检测，需要检测横向缺陷。

C级检测：用两种不同K值探头，采用一次波和二次波在焊缝的单面双侧扫查检测，需要检测横向缺陷。打磨焊缝余高，检测横向缺陷时将探头放在焊缝及热影响区上做两个方向平行扫查，两种探头的折射角相差不小于10°，且一个折射角为45°。

7.2.2 检测条件选择

1. 检测面的准备

检测面区域包括检查区和探头移动区，检测面要注意满足以下几点：

1）检测面应打磨光滑，不能有影响检测结果评定的油污、焊接飞溅以及其他杂物。

2）检测面宽度为焊缝+两侧各母材厚度30%的区域，此区域最小为5mm，最大为10mm，如图7-8所示。

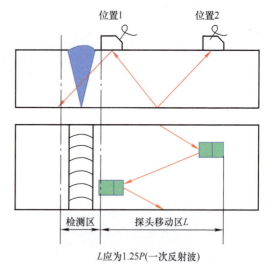

L应为1.25P(一次反射波)

图7-8 检测面示意图

3）探头移动区域与检测方法和母材厚度有关，采用不同检测方法，则探头移动区域不同。

当采用二次波法检测时，探头移动区域≥1.25P，即

$$P = 2TK = 2T\tan\beta \qquad (7\text{-}1)$$

式中　P——跨距（mm）；

　　　T——母材厚度（mm）；

　　　K——探头 K 值；

　　　β——探头折射角（°）。

当采用一次波法检测时，探头移动区域 $\geqslant 0.75P$。

2. 探头的选择

（1）探头角度的选择　为了保证纯横波探测，钢质材料检测时，选择探头入射角应满足 $27.5° < \alpha < 57°$ 的要求。

选择探头 K 值时，要满足以下基本要求：

1）主声束能覆盖整个焊缝截面。

2）声束中心线尽量与主要危害性缺陷垂直。

3）保证探伤灵敏度。

如图 7-9 所示，为了保证整个焊缝截面为声束覆盖，用一次波和二次波探测时，探头 K 值需满足式（7-2）的要求，即

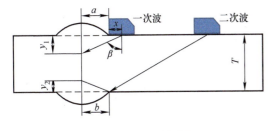

图 7-9　探头 K 值选择

$$K \geqslant \frac{a+b+x}{T} \qquad (7\text{-}2)$$

式中　a——上焊缝宽度的 1/2（mm）；

　　　b——下焊缝宽度的 1/2（mm）；

　　　x——斜探头前沿距离（mm）；

　　　T——平板工件板厚（mm）。

从图 7-9 中可以看出 $y_1 = \dfrac{a+x}{K}$，$y_2 = \dfrac{b}{K}$

为了保证能扫查到整个焊缝截面，必须要求，$y_1 + y_2 \leqslant T$，

即

$$y_1 + y_2 = \frac{a+b+x}{K} \leqslant T$$

$$K \geqslant \frac{a+b+x}{T} \qquad (7\text{-}3)$$

选择探头 K 值不能选择 $y_1 + y_2 > T$，因为超声波无法扫查到焊缝中间一小块棱形面积，所以，可能会导致缺陷漏检。焊缝中间的菱形如图 7-10 所示。

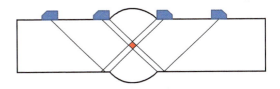

图 7-10　焊缝中间菱形漏检区域

一般来说，斜探头 K 值根据母材厚度来选取，薄工件采用大 K 值探头，以避免近场探伤，提高定位和精度；厚工件采用

小 K 值探头，缩短声程，减小衰减，提高探伤灵敏度，同时，还可减小打磨宽度。各种焊缝探伤标准对探头角度的具体规定见表7-1。

随之变大。所以，在检验缺陷前，要对 K 值进行校验。

（2）检测设备选择　焊缝超声检测所需设备，如图7-11所示。

（3）仪器扫查速度调节　在3.2节斜探头扫描声速和探头零点校准方法中，已经介绍了三种扫查速度调节方法，即声程调节法、水平调节法、深度调节法，当板厚小于20mm时，常用水平调节法，板厚大于20mm时，常用深度调节法。具体调节步骤见3.2.1节。

表 7-1　探头 K 值对照表

工件厚度 /mm	K 值
8 ～ 25	2.0 ～ 3.0
> 25 ～ 46	1.5 ～ 2.5
> 46 ～ 120	1.0 ～ 2.0

K 值随工件声速和探头磨损的变化规律是：声速快，探头后面磨损严重，K 值

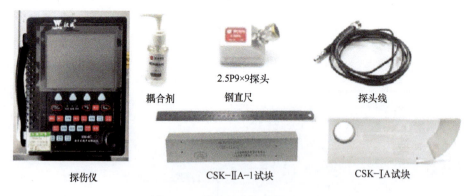

2.5P9×9探头

耦合剂　　　钢直尺　　　　　探头线

探伤仪　　　CSK-ⅡA-1试块　　　CSK-ⅠA试块

图 7-11　焊缝超声检测所需设备

▶ 7.2.3　检测灵敏度调节

DAC 曲线是指确定某一人工反射体回波高度随距离的变化的关系曲线。缺陷反射波高与缺陷大小及距离有关，大小相同

的缺陷距离不同，反射波高也不同。具体做法见5.3节。对接焊缝斜探头检测灵敏度见表7-2。

表 7-2　斜探头检测距离 - 波高曲线的灵敏度

试块形式	工件厚度 /mm	评定线	定量线	判废线
CSK-ⅡA	≥ 6 ~ 40	$\phi 2mm \times 40mm - 18dB$	$\phi 2mm \times 40mm - 12dB$	$\phi 2mm \times 40mm - 4dB$
	> 40 ~ 100	$\phi 2mm \times 40mm - 14dB$	$\phi 2mm \times 40mm - 8dB$	$\phi 2mm \times 40mm + 2dB$
	> 100 ~ 200	$\phi 2mm \times 40mm - 10dB$	$\phi 2mm \times 40mm - 4dB$	$\phi 2mm \times 40mm + 6dB$

7.2.4　焊缝检测扫查方式

　　扫查的目的就是寻找和发现焊缝内部的不同缺陷，要根据缺陷的性质和取向选择正确的扫查方式。在焊缝检测中主要扫查方式有锯齿形扫查、前后扫查、左右扫查、转角扫查、环绕扫查、平行扫查、斜平行扫查和交叉扫查等方式。

　　1. 锯齿形扫查

　　锯齿形扫查是超声检测中常用的扫查方式，主要用于发现平行于焊缝方向的缺陷的初扫查，能够快速发现缺陷。

　　注意：在锯齿扫查时，探头要垂直于焊缝，如图 7-12 所示。探头前后扫查的范围应覆盖焊接截面，前后移动的同时还应做 10° ~ 15° 转动，横向移动时齿距要小于晶片直径的 1/2，扫查速度 ≤ 150mm/s，避免齿距移动过大造成漏检。

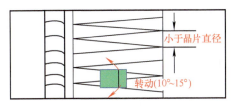

图 7-12　锯齿形扫查

　　2. 前后、左右、环绕、转角扫查

　　锯齿形扫查发现缺陷时，为了区分缺陷和伪缺陷信号，确定缺陷的位置、大小，采用转角、环绕、左右、前后扫查方式，如图 7-13 所示。

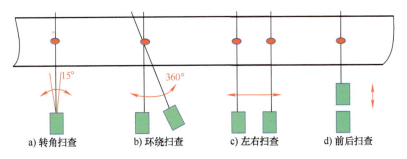

a) 转角扫查　　b) 环绕扫查　　c) 左右扫查　　d) 前后扫查

图 7-13　四种基本扫查方式

1）前后扫查：为了找到缺陷反射信号的最高回波位置，确定缺陷的水平位置、深度和波幅。

2）左右扫查：是测量缺陷平行于焊缝方向的长度。

3）环绕扫查：分析缺陷的形状，扫查时波高变化小为点状缺陷，波高迅速消失为线状缺陷。

4）转角扫查：判断缺陷的方向。

3.平行、斜平行、交叉扫查

在焊缝检测中发现垂直于焊缝的横向缺陷时，采用平行、斜平行和交叉三种扫查方式，如图 7-14 所示，扫查时将扫查灵敏度提高 6dB。

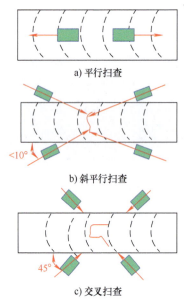

a) 平行扫查

b) 斜平行扫查

c) 交叉扫查

图 7-14　检测横向裂纹扫查方式

1）平行扫查：焊缝余高去除时，将探头直接放在焊缝上做平行扫查，如图 7-14a 所示。

2）斜平行扫查：焊缝余高不去除时，在焊缝两侧且探头与焊缝夹角 < 10° 的四个方向做斜平行扫查，如图 7-14b 所示。

3）交叉扫查：对电渣焊中人字形横裂，可采用 K1 探头在焊缝两侧以 45° 角进行扫查，如图 7-14c 所示。

7.2.5　缺陷的评定

焊缝检测中缺陷的评定包括缺陷的水平位置和缺陷深度的确定以及缺陷的指示长度的测量。缺陷的水平位置和深度的确定是根据缺陷发射回波最大波高，在探伤仪屏幕水平扫描线上的位置所得到的声程、水平距离和深度。但是焊缝缺陷定位时，一个重要问题就是确定缺陷是否在焊缝中。

在平板对接焊缝的检测中，探头是在焊缝两侧进行扫查，声束通过母材传递到焊缝上，因此有时探伤仪屏幕上出现的反射回波不一定是焊缝缺陷，如果将此反射回波判定为焊缝内缺陷，就会造成误判。在焊缝检测中对缺陷定位的重要环节就是确定缺陷是否在焊缝内，判定方法如下：

1）首先，采用 5.1 节中的方法，确定缺陷到探头入射点的水平距离 l_f。其次，再用钢直尺测量缺陷最高回波时，探头入射点到缺陷边缘的距离 l 及焊缝宽度 a。

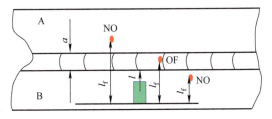

如图 7-15 所示，当 $l < l_f < l + a$ 时，则缺陷在焊缝中，当 $l_f < l$ 或 $l_f > l + a$ 时，则缺陷不在焊缝中，不属于焊接缺陷。

图 7-15　缺陷位置确定示意图

2）在对接焊缝 5.3 超声检测缺陷长度的测量方法中，详细介绍了缺陷定量的测长方法，缺陷位置确定后，对缺陷定量的方法见 5.3。

在缺陷评定时要注意以下两种情况：

1）对超过评定线的回波信号，如怀疑有裂纹、未熔合等缺陷时，应采取改变探头折射角的方法，观察缺陷波形再进行评定。

2）相邻两缺陷在一条直线上且间距小于其中最小缺陷长度时，视为一个缺陷，缺陷的指示长度为两缺陷长度之和，特别注意间距不计入缺陷长度。

7.2.6　缺陷质量分级

现以 NB/T 47013.3—2015 标准为例，介绍缺陷的质量分级。

NB/T 47013.3—2015 标准将焊缝等级分为Ⅰ、Ⅱ、Ⅲ 3 个级别，其中Ⅰ级质量最好，Ⅲ级质量最低，具体分级见表 7-3。

例题 1　检测 $T = 45mm$ 的对接接头，发现波高为 $\phi2mm\times40mm + 1dB$、指示长度为 12mm 的条状缺陷 3 个且位于同一直线上，其间距均为 7mm，试据 NB/T 47013.3—2015 标准评定该焊缝质量级别。

解： ①缺陷反射波幅所处区域。$T = 45mm$，判废线为 $\phi2mm\times40mm + 1dB$，该缺陷当量为 $\phi2mm\times40mm + 2dB$，位于Ⅱ区。

②缺陷指示长度计量。由已知得 $T/3 = 45mm/3 = 15mm$，$T2/3 = 45mm\times2/3 = 30mm$

由于缺陷间距为 7mm ＜相邻缺陷中较小指示长度 12mm，应以缺陷之和作为单个缺陷，则缺陷总长为：$L = 12mm\times3 = 36mm > 2T/3$，故该焊接接头质量级别为Ⅲ级。

例题 2　检测 $T = 40mm$ 对接接头，发现一个缺陷，其当量为 $\phi2mm\times40mm - 2dB$，长为 10mm，试评定该焊接接头的质量级别。

解： 缺陷反射波幅所处区域

$T = 40mm$，判废线为 $\phi2mm\times40mm - 4dB$，该缺陷当量为 $\phi2mm\times40mm - 2dB$，位于Ⅲ区。

故该焊接接头质量级别为Ⅲ级。

评定时注意：板厚不同时，取薄板侧厚度值；当焊缝长度不足 $9T$（Ⅰ级）或 $4.5T$（Ⅱ级）时可按比例折算，当折算后的缺陷累计长度小于单个缺陷时，以单个缺陷指示长度为准。

表 7-3　焊缝超声检测质量分级　　　　　　　（单位：mm）

等级	工件厚度	波高区域	允许的单个缺陷指示长度	多个累计缺陷长度
I	>6~100	I	≤ 50	—
	>100		≤ 70	—
	>6~100	II	≤ $T/3$ 最小可为 10，最大 ≤ 30	在任意 $9T$ 焊缝长度范围内 L 不超过 T
	>100		≤ $T/3$，最大 ≤ 50	
II	>6~100	I	≤ 60	—
	>100		≤ 90	—
	>6~100	II	≤ $T2/3$ 最小可为 12，最大 ≤ 40	在任意 $4.5T$ 焊缝长度范围内 L 不超过 T
	>100		≤ $T2/3$，最大 ≤ 75	
III	>6	II	超过 II 级者	
		III	所有缺陷（任何缺陷指示长度）	
		I	超过 II 级者	—

7.3　T 形接头全熔透焊缝超声检测

7.3.1　T 形接头焊缝结构和特点

钢结构 T 形接头焊缝由翼板与腹板焊接组成，坡口开在腹板端面上。全熔透 T 形焊缝坡口形式为 K 形坡口、单 V 形坡口，如图 7-16、图 7-17 所示。

T 形接头焊缝常见的缺陷有热影响区裂纹、裂纹、层状撕裂、未焊透、未熔合、夹渣、气孔等。除焊缝裂纹产生在焊缝中心位置，与腹板夹角大约 45°；层间撕裂产生在翼板和腹板熔合线附近，平行于翼板表面，

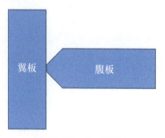

图 7-16　K 形坡口

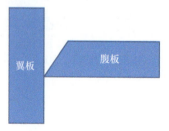

图 7-17　单 V 形坡口

腹板未熔合产生在腹板坡口和翼板结合处，未焊透产生在腹板钝边处，夹渣和气孔可产生在焊缝任何部位。对这些缺陷检测采用超声波直射法和一次反射法进行检测。

7.3.2　检测设备选择

1）检测仪器：KW-4C 数字化超声波探伤仪。

2）探头选择：探头规格见表 7-4。直探头和 K1 探头在翼板扫查，K2 探头在腹板扫查。

表 7-4　探头规格

类别	直探头 1	斜探头 2	斜探头 3
型号	2.5P10Z	2.5P13×13K1	2.5P13×13K2

3）试块选择：CSK-ⅠA、RB-2、CS-2。

4）耦合剂：采用润滑油和甘油。

注意：校验灵敏度和检测过程中要使用同一种耦合剂。

7.3.3　扫描速度的调节

1）直探头调节：在工件翼板厚度 $T=20mm$ 调节声程，第一次底面回波调节到第 4 格，第二次底面回波调节到第 8 格，探伤仪范围设为翼板两倍板厚，声程 1:1 调节完成，如图 7-18 所示。

2）斜探调节方法同平板对接焊缝，如图 7-19 所示。

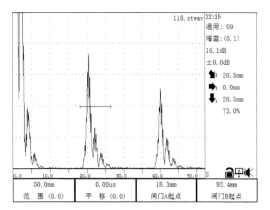

图 7-18　直探头调节

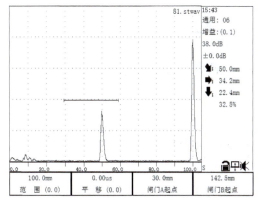

图 7-19　斜探头调节

7.3.4　灵敏度确定

1）直探头灵敏度：用翼板厚度 $T=20mm$ 调节声程 1:1。选用 CS-2 平底孔试块不同深度的三点制作 DAC 曲线（图 7-20）。曲线制作完成后耦合补偿 4dB，扫查灵敏度为 H_0-8dB。

141

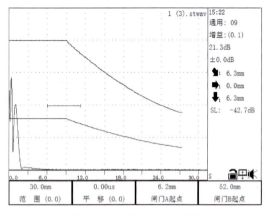

图 7-20   直探头 DAC 曲线

2）斜探头灵敏度：首先用 CSK-ⅠA 试块校准探伤仪（零偏）和探头参数（前沿距离、K 值），然后用 RB-2 试块中深度为 10mm、30mm、50mm 的 $\phi 3mm$ 横通孔制作 DAC 曲线（图 7-21）。曲线制作完成后耦合补偿 4dB，扫查灵敏度为 $H_0 - 14dB$。

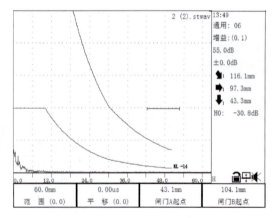

图 7-21   斜探头 DAC 曲线

7.3.5   检测方法

1）翼板上直探头检测：如图 7-22 所示，纵波直探头① 2.5P10Z 在翼板外侧面焊缝熔合区内左右前后移动扫查，由于在翼板外侧扫查看不到焊缝和腹板位置，因此通过在翼板上划线来确定探头移动范围，检测钝边未焊透、翼板和腹板熔合线区域未熔合、翼板层间撕裂等缺陷以及焊缝内部缺陷。

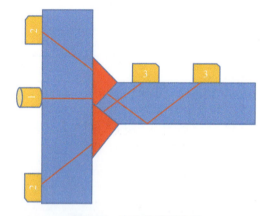

图 7-22   探头检测示意图

2）翼板外侧斜探头检测：如图 7-22 所示，斜探头② 2.5P13×13K1 在翼板外侧垂直焊缝扫查，检测钝边未焊透、翼板和腹板熔合线区域未熔合、翼板层间撕裂和一些有倾斜角度的缺陷，斜探头沿焊缝平行方向和倾斜 15° 扫查焊缝，检测焊缝的横向裂纹和横向缺陷。

3）腹板一面斜探头检测：如图 7-22 所示，斜探头③2.5P13×13K2 在腹板一面上垂直于焊缝扫查，主要检测腹板侧坡口未熔合、焊缝内裂纹、气孔等缺陷。沿焊缝方向倾斜 15° 扫查，检测焊缝横向缺陷和横向裂纹。

7.3.6 缺陷的定量和验收

采用纵波直探头和横波斜探头扫查翼板和腹板中，发现反射回波超过评定等级时，对该反射回波进行定量，采用 6dB 法测量缺陷长度，同时记录下最高回波 dB 值，按表规定验收等级对该反射回波进行评定，当反射回波长度符合表要求，发射最高回波 dB 值不超过相对应的 dB 值时，如果超过相对应的数值 –4dB，记录该回波显示，验收条件见表 7-5。

表 7-5　横通孔和平底孔验收条件

类型	评定等级		验收等级 2		验收等级 3	
	验收等级 2	验收等级 3	8mm ≤ T < 15mm	15mm ≤ T < 100mm	8mm ≤ T < 15mm	15mm ≤ T < 100mm
横通孔	H0-14dB	H0-10dB	$L \leq T$ 时：H0-4dB $L > T$ 时：H0-10dB	$L \leq 0.5T$ 时：H0 $0.5T < L \leq T$ 时：H0-6dB $L > T$ 时：H0-10dB	$L \leq T$ 时：H0 $L > T$ 时：H0-6dB	$L \leq 0.5T$ 时：H0+4dB $0.5T < L \leq T$ 时：H0-2dB $L > T$ 时：H0-6dB
平底孔	H0-8dB	H0-4dB	$L \leq T$ 时：H0+2dB $L > T$ 时：H0-4dB	$L \leq 0.5T$ 时：H0+6dB $0.5T < L \leq T$ 时：H0 $L > T$ 时：H0-4dB	$L \leq T$ 时：H0+6dB $L > T$ 时：H0	$L \leq 0.5T$ 时：H0+4dB $0.5T < L \leq T$ 时：H0-2dB $L > T$ 时：H0-6dB

7.3.7 实际检测

针对某钢结构工字梁焊缝进行超声检测，翼板厚度为 20mm，腹板厚度为 16mm，长度为 10m，焊脚尺寸为 11mm，K 形全熔透焊缝。

1. 直探头翼板检测波形显示的识别

位置 1：用 2.5P10Z 直探头，如图 7-23 所示，在工字钢翼板上检测，探头在位置 1 时，探伤仪屏幕上显示多次反射波，间距等于翼板板厚时，翼板底面多次回波显示，如图 7-24 所示。

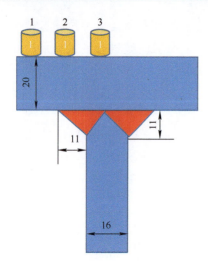

图 7-23　直探头扫查示意图

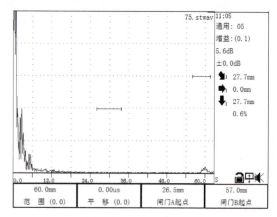

图 7-25　无缺陷显示

焊缝有缺陷时，探伤仪屏幕上有反射回波显示，如图 7-26 所示，反射回波显示深度为 27.2mm，由已知翼板厚度为 20mm，焊脚高度为 11mm，得到检测区厚度为 20mm+11mm=31mm，该反射回波深度小于 31mm，所以此反射回波为焊缝内缺陷回波。

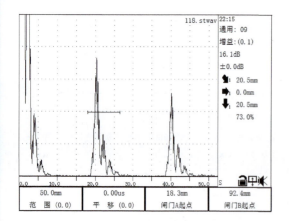

图 7-24　位置 1 波形显示

位置 2：在探头移到位置 2 过程中，焊缝无缺陷时，声束射到焊脚斜面上产生波形转换，探伤仪屏幕上无反射回波，如图 7-25 所示。

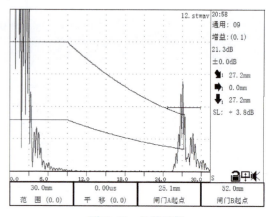

图 7-26　缺陷显示

位置 3：在探头移到位置 3 过程中，焊缝无缺陷时，声束经过焊缝传到腹板上，由于腹板很宽，反射回波无法在探伤仪屏幕上显示，探伤仪屏幕上无反射回波，如图 7-25 所示。

焊缝有缺陷时，探伤仪屏幕上有反射回波显示，如图 7-27 所示，反射回波显示深度为 17.9mm，由已知翼板厚度为 20mm，该反射回波深度小于翼板厚度 2mm，所以此反射回波为翼板层间撕裂缺陷回波。

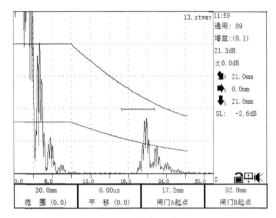

图 7-28　根部未焊透

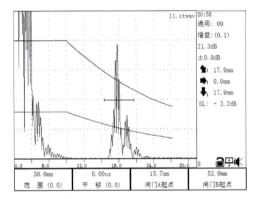

图 7-27　撕裂回波

当探头刚好在翼板钝边中心位置时，如图 7-28 所示，反射回波显示深度为 21mm 等于翼板厚度，该反射回波为根部未焊透缺陷回波。

2.斜探头翼板检测波形显示的识别

如图 7-29 所示，用斜探头② 2.5P13×13K1 在翼板外侧垂直焊缝扫查。在位置 1 或位置 4 时，探伤仪屏幕有一个反射回

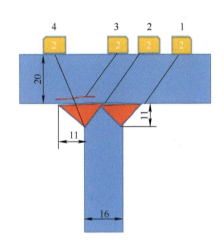

图 7-29　探头位置

波显示深度为 20mm，和翼板板厚相同，水平位置 11mm，如图 7-30 所示，正好位于翼板焊脚位置，用手沾油拍打焊脚，反射波随之上下波动，此反射回波是翼板焊脚回波非缺陷回波。

145

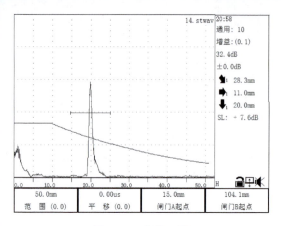

图 7-30　焊脚回波

探头向位置 2 移动时，探伤仪屏幕出现一个反射回波，声程、深度、水平位置、波高和探头位置 1 的波形显示一致，量取水平位置正好在焊缝中心，位于腹板钝边位置，此反射回波是根部未焊透缺陷回波，如图 7-31 所示。

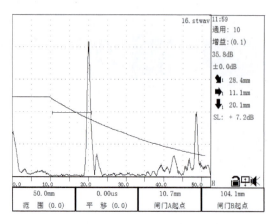

图 7-31　根部未焊透缺陷回波

探头向位置 3 移动，探伤仪屏幕上出现一个反射回波，显示深度为 18.8mm，如图 7-32 所示，接近翼板厚度，和直探头检测显示深度一致，此反射回波是层间撕裂缺陷回波。

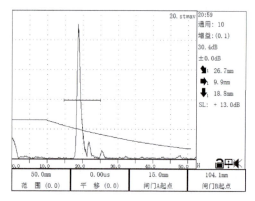

图 7-32　撕裂缺陷回波显示

探头在位置 4 或位置 1 移动扫查，探伤仪屏幕上出现一个反射回波，显示深度为 31.2mm，如图 7-33 所示，由已知翼板厚

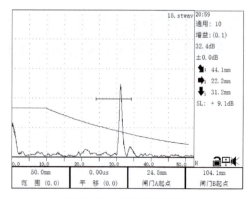

图 7-33　焊缝形状回波

度 20mm，焊脚高度为 11mm，得到检测区厚度为（20+11）mm=31mm，正好和显示深度一样，测量水平位置距焊缝中心 8.5mm，用手沾油拍打焊脚，反射波随之上下波动，此反射回波是腹板焊脚回波，非缺陷回波。

探头从位置 1 或 4 向焊缝中心移动扫查，探伤仪屏幕上出现一个反射回波，显示深度为 27.7mm，如图 7-34 所示，由已知翼板厚度 20mm，焊脚高度为 11mm，得到检测区厚度为（20+11）mm=31mm，该反射回波深度小于 31mm，此反射回波为焊缝内缺陷回波。

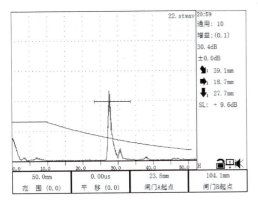

图 7-34　焊缝内部缺陷缺陷显示

3. 斜探头腹板检测波形显示的识别

如图 7-35 所示，用斜探头③ 2.5P13×13K2 在腹板一侧面上扫查，采用一次波直射法探测腹板下部焊缝，一次反射波法探测腹板上部焊缝，探头移动范围为 1.25P，

采用锯齿扫查，当遇到反射回波时需要探头前后左右移动，根据动态波形特征判断缺陷的性质。

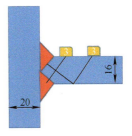

图 7-35　探头位置

采用一次波探测焊缝时，探伤仪屏幕出现一个反射回波，深度显示为 14.2mm，如图 7-36 所示，由已知腹板厚度为 16mm，焊脚高度为 11mm，焊缝检测范围 16mm+11mm+11mm=38mm/2=19mm，该反射回波深度小于 19mm，在焊缝内部，此缺陷波形为单峰，前后左右移动探头波高下降明显，此缺陷为点状。

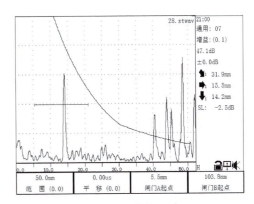

图 7-36　点状回波

探头沿焊缝垂直扫查时，探伤仪屏幕出现一个反射回波，深度显示为8.5mm，处于腹板中心位置，测量水平位置离翼板边缘3mm，此反射波形为多峰，前后左右移动探头波峰交替变化，平行焊缝方向移动有长度，此缺陷为裂纹，如图7-37所示。

利用一次反射法探测腹板上部焊缝时，探伤仪屏幕出现一个反射回波，深度显示为0.6mm，位置在腹板上表面和焊缝熔合位置，测量水平位置在焊缝内，探头沿焊缝方向移动有长度，此缺陷为条状缺陷，如图7-38所示。

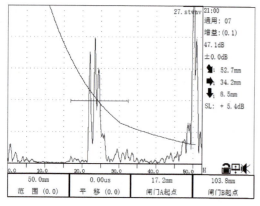

图 7-37　裂纹缺陷回波

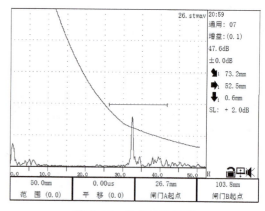

图 7-38　条状缺陷回波

7.4 T形接头单侧焊未焊透高度的超声检测

T形接头半熔透焊缝在超声检测过程中，半熔透区域容易与根部未焊透相混淆，检测人员不了解工件焊接工艺规范，很容易将半熔透区域判断为根部未焊透和未熔合缺陷，导致误判，造成不必要的返修。

对这种焊接接头形式的焊缝超声检测重点就是如何测量出未熔透区的范围和高度尺寸。下面介绍一种采用直探头在翼板上和小晶片尺寸的斜探头在腹板上探测出T形单侧焊半熔透高度的方法，根据检测出来的焊缝半熔透高度尺寸制定相应的检测方案和工艺，确定对熔透区焊缝缺陷进行检测，未熔透区不再检测和评定。

7.4.1　单侧焊半熔透焊缝特征

例如：某T形接头焊缝翼板板厚20mm，

腹板板厚为 16mm，坡口形式为单 V 形，如图 7-39 所示，单侧焊半熔透焊缝未焊透位置、高度和方向都是固定的，位于翼板和腹板的相交处，垂直于腹板。

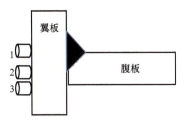

图 7-40　直探头法示意图

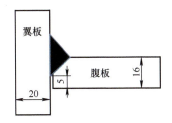

图 7-39　单侧焊根部未焊透

 ### 7.4.2　翼板上直探头半熔透焊缝未焊透高度检测法

1. 测量未焊透高度

　　由于在翼板外侧扫查看不到焊缝和腹板位置，因此在翼板上划线来确定探头移动范围；将直探头放在翼板上将第一次底面回波波高调至满刻度的 80%，并且调整扫查范围使时基线声程 1:1；探伤仪调整后将探头放在图 7-40 所示位置上，沿翼板上画好的线范围移动探头至位置 3，找到未焊透区最大回波，调节探伤仪增益使回波高度调至满刻度的 80% 后，如图 7-41 所示，继续移动探头到位置 2 时，回波高度降为满刻度的 40%，如图 7-42 所示，此时探头中心位置为未焊透的端点，测量出距离腹板边沿线的距离，即为未焊透的高度 H_1，确定检测焊缝缺陷区域大于 H_1。

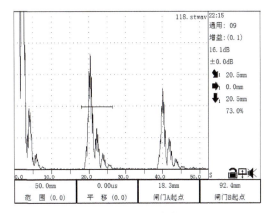

图 7-41　缺陷最高点显示

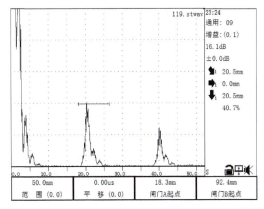

图 7-42　缺陷边缘显示

2. 翼板直探头检测缺陷显示

调节好探伤仪的时基线，测出未焊透的区域后，在翼板上标出 H_1 位置，用直射法在焊透区域内扫查，探头移动到位置 1，焊缝内部无缺陷的波形，如图 7-43 所示；有缺陷的波形，如图 7-44 所示，此反射波深度为 23.9mm，大于翼板板厚 20mm，在焊缝熔透区内，此反射波为缺陷。

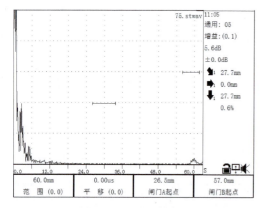

图 7-43　无缺陷波形

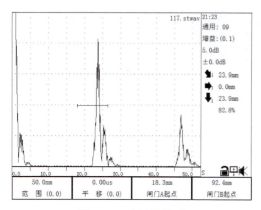

图 7-44　有缺陷波形

7.4.3　腹板斜探头半熔透焊缝未焊透高度检测法

1. 未焊透高度一次波检测法

如图 7-45 所示，探伤仪调节后，用斜探头在腹板熔透区侧前后移动探头，用一次波找到未焊透区域的最高回波，调节探伤仪增益使最高回波达到满刻度的 80%，如图 7-46 所示，继续向前移动探头使最高回波降为满刻度的 40%，此时探伤仪上显示的深度 H_1=10.4mm，如图 7-47、图 7-48 所示，为焊透部位的下端点。

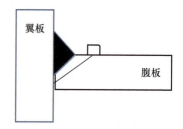

图 7-45　探头位置示意图

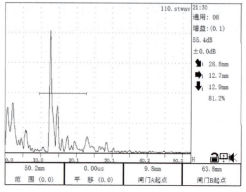

图 7-46　缺陷最高回波

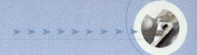

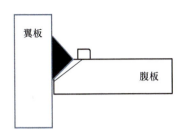

图 7-47　探头位置

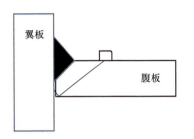

图 7-49　探头位置示意图

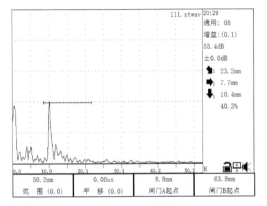

图 7-48　缺陷下端点显示

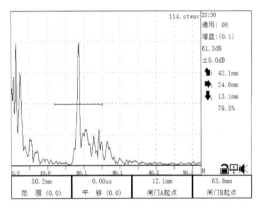

图 7-50　缺陷最高点显示

未焊透高度为：$H = T - H_1 = 16\text{mm} - 10.4\text{mm} = 5.6\text{mm}$。

2. 未焊透高度二次波检测法

如图 7-49 所示，探伤仪调节后，将斜探头放在腹板熔透区侧前后移动探头，用二次波找出未焊透区域的最高反射波，调节探伤仪增益使最高回波达到满刻度的80%，如图 7-50 所示，继续向后移动探头使最高回波降为满刻度的40%，如图 7-51、图 7-52 所示，此时探伤仪上显示的深度 H_2 = 10.7mm，为焊透部位的下端点。

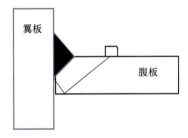

图 7-51　缺陷探头位置

未焊透高度为：$H = T - H_2 = 16\text{mm} - 10.7\text{mm} = 5.3\text{mm}$。

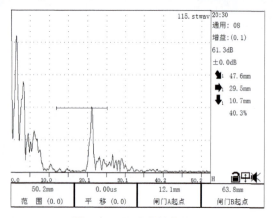

图 7-52　缺陷上端点显示

3. 熔透区焊缝检测缺陷的识别技巧

调节好探伤仪的时基线，测出未焊透的区域后，记住 H_1 为 10.4mm 或 H_2 为 10.7mm 的深度数值，将斜探头在腹板熔透区侧用一、二次波进行检测：

1）当在一次波范围内的反射波探伤仪显示深度 $H < H_1$ 时，此反射波为缺陷。

2）当在二次波范围内的反射波探伤仪显示深度 $H < H_2$ 时，此反射波为缺陷。

3）当在一次波范围内的反射波探伤仪显示深度 $H > H_1$ 时，此反射波不是缺陷。

4）当在二次波范围内的反射波探伤仪显示深度 $H > H_2$ 时，此反射波不是缺陷。

7.4.4　腹板斜探头检测缺陷显示

如图 7-53 所示，在扫查过程中发现一个回波高度为 60dB，水平距离为 40.5mm，声程为 59.9mm，深度 H 为 5.1mm，探伤仪时基线为深度 1:1 调节，由波形显示大于 1 倍板厚，小于 2 倍板厚，得知此波形显示为斜探头二次波检测出来的，$H=5.1mm$ 小于 10.7mm，满足上述第二条，判定此反射信号为缺陷显示。

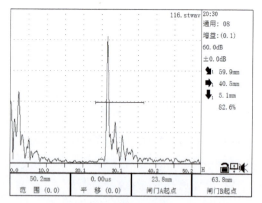

图 7-53　缺陷信号显示

7.5　T 形接头双侧焊未焊透高度的超声检测

T 形接头形式有单 V 形和 K 形坡口，K 形坡口焊接方式从腹板两侧焊接，为半熔透焊缝，腹板钝边和翼板接触面存在着未焊透，如何测量出未熔透区的自身高度、区分未焊透和焊缝缺陷，检测人员必须积累很多经验才能分辨出来，下面介绍一种采用直探

头在翼板上和小晶片尺寸的斜探头在腹板上快速检测出 T 形双侧焊半熔透高度的方法，根据检测出来的焊缝半熔透高度尺寸制订相应的检测方案和工艺，确定对熔透区焊缝缺陷进行检测，未熔透区不再检测和评定。

🔘 7.5.1 双侧焊半熔透焊缝特征

　　T 形接头焊缝翼板板厚 40mm，腹板板厚为 30mm，坡口形式为 K 形，如图 7-54 所示。双侧焊半熔透焊缝未焊透位置、高度和方向位于腹板钝边和翼板接触面处，在腹板中间钝边位置，垂直于腹板。

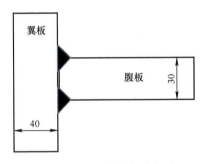

图 7-54　双侧焊根部未焊透

🔘 7.5.2 半熔透焊缝未焊透高度 检测方法

1. 翼板上直探头检测法

　　（1）测量未焊透高度　由于在翼板外侧扫查看不到焊缝和腹板位置，因此在翼板上划线来确定探头移动范围；如图 7-55 所示，将直探头放在翼板上，将第一次底面回波波高调至满刻度的 80%（位置 1 或 5），并且调整扫查范围，使时基线声程 1:1；探伤仪调整后将探头放在如图 7-55 所示位置上，沿翼板上画好的线范围移动探头，找到未焊透区最大回波（位置 3），调节仪器增益使回波高度调至满刻度的 80% 后，继续向上移动探头使回波高度降为满刻度的 40%（位置 2），此时探头中心位置为未焊透的上端点 H_1，再向下移动探头使回波高度降为满刻度的 40%（位置 4），此时探头中心位置为未焊透的下端点 H_2，测量出 H_1 和 H_2 之间距离，即为未焊透的高度。

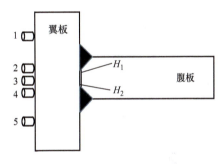

图 7-55　直探头法示意图

　　（2）直探头检测焊缝缺陷识别　调节好探伤仪的时基线，测出未焊透的区域后，在翼板上标出 H_1、H_2 位置，用直射法在焊透区域内扫查，探头从位置 1 或 5 向位置 2 或 4 移动时，当反射波在 H_1 和 H_2 区域外，且在焊缝熔透区，此反射波为缺陷；当反射波在 H_1 和 H_2 区域内，此波处在未焊透区域，不做评定。

在焊缝熔透区有两种波形显示，第一种是焊缝内部无缺陷的波形，如图7-56所示，第二种是焊缝有缺陷的波形，如图7-57所示，此反射波深度为47.6mm大于翼板板厚的40mm，位于H_1和H_2区域外且在焊缝熔透区内，此反射波为缺陷。

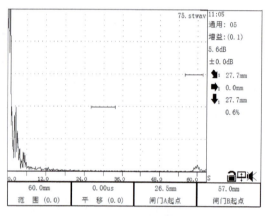

图 7-56　无缺陷波形

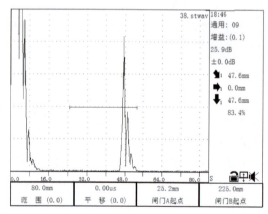

图 7-57　缺陷波形显示

2.腹板斜探头检测方法

（1）未焊透下端点一次波检测法　如图7-58所示，探伤仪调节后，用斜探头在腹板熔透区侧前后移动探头，用一次波找到未焊透区域的最高回波，调节探伤仪增益使最高回波达到满刻度的80%，如图7-59所示，显示深度为19.7mm，继续向后移动探头使最高回波降为满刻度的40%，如图7-60所示，显示深度为22.6mm，此时仪器上显示的深度H_2=22.6mm，即为未焊透部位的下端点。

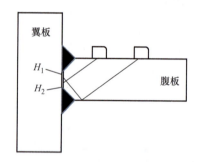

图 7-58　二次波法示意图

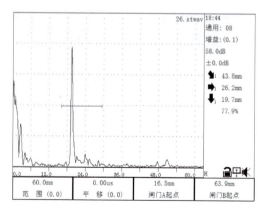

图 7-59　一次波回波最高位置

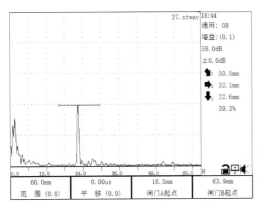

图 7-60　一次波下端点位置

（2）未焊透上端点二次波检测法　如图 7-58 所示，探伤仪调节后，将斜探头放在腹板熔透区侧前后移动探头，用二次波找出未焊透区域的最高反射波，调节探伤仪增益使最高回波达到满刻度的 80%，如图 7-61 所示，显示深度为 15.2mm，继续向后移动探头使最高回波降为满刻度的 40%，如图 7-62 所示，显示深度为 9.4mm，此时

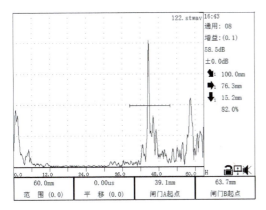

图 7-61　二次回波高点位置

仪器上显示的深度 H_1=9.4mm，即为未焊透部位的上端点。

未焊透高度 $H = H_2 - H_1 = 22.6\text{mm} - 9.4\text{mm} = 13.2\text{mm}$。

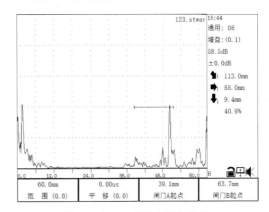

图 7-62　二次波上端点位置

（3）斜探头检测焊缝缺陷识别　调节好探伤仪的时基线，将探头放置在腹板一侧，前后移动探头用一、二次波对焊缝进行扫查，当发现反射回波显示深度小于 H_1，大于 H_2 时，此反射回波确定为缺陷回波；当反射回波显示深度值在 $H_1 \sim H_2$ 之间，此回波为未焊透回波不做评定。

如图 7-63 所示，在扫查过程中发现一个回波高度为 64.5dB，水平距离为 39.8mm，声程为 59.1mm，深度 H 为 23.5mm，探伤仪时基线为深度 1:1 调节，波形显示深度小于腹板厚度，得知此波形显示为斜探头一次波检测出来的，且 $H > H_2$，判定此反射信号为缺陷显示。

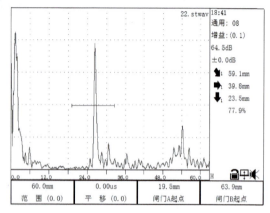

图 7-63　缺陷波形显示

如图 7-64 所示，在扫查过程中发现一个回波高度为 63.1dB，水平距离为 85.6mm，声程为 110.3mm，深度 H 为 10.5mm，探伤仪时基线为深度 1:1 调节，

波形显示深度大于 1 倍板厚，小于 2 倍板厚，得知此波形显示为斜探头二次波检测出来的，因 $H > H_1$，此反射信号不是缺陷显示。

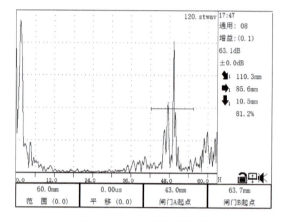

图 7-64　非缺陷波形显示

7.6　加垫板对接焊缝超声检测中反射信号的识别

超声检测加垫板的对接焊缝，一般采用在焊缝的双面双侧一次波扫查的方式进行检测，此扫查方式的干扰波少，反射信号的识别相对容易。但是，对于一些特殊结构对接焊缝，由于其结构形式的特殊性，只能从焊缝的单面进行检测。在采用单面双侧全波扫查时，仪器屏幕上会出现焊缝根部和根部垫板端部的反射信号，这些反射信号与焊缝内部的不连续信号混杂在一起，会直接干扰检测人员对焊缝内不连续

信号的识别，从而影响检测结果的准确性和可靠性。

在超声检测加垫板对接焊缝时，其反射信号的来源除了焊缝表面余高部位的反射信号和焊缝内部不连续性的反射信号外，探伤仪屏幕上还有来自焊缝根部母材与垫板的结合区 CD 区、垫板的端角 E、F、G、H 点及 EG、FH 端面产生的反射信号，如图 7-65 所示。

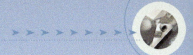

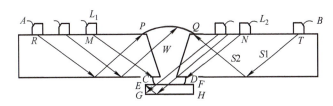

图 7-65　超声波全波扫查示意图

 7.6.1　焊缝根部（C 和 D）反射信号波的识别

如图 7-66 所示，当焊缝根部母材与垫板间结合良好没有间隙时，（C、D 区）回波显示深度和等于板厚 16mm，探伤仪屏幕

上只有一个深度的反射波出现。当焊缝根部母材与垫板结合处有一定间隙时，（C、D 区）回波显示深度等于板材厚度与间隙宽度之和，探伤仪屏幕上会同时有两个不同深度的反射回波出现。

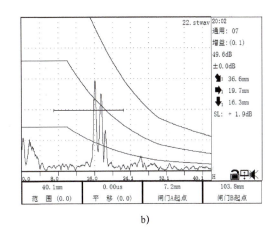

a)　　　　　　　　　　　　b)

图 7-66　根部（C 和 D）反射信号

采用纵波直探头和横波斜探头扫查翼板和腹板时，发现反射回波超过评定等级时，对该反射回波进行定量，采用 6dB 法测量缺陷长度，同时记录下最高回波 dB 值，按 NB/T 47013—2015 标准规定的验收

等级对该反射回波进行评定。当反射回波长度符合标准要求，反射最高回波 dB 值不超过相对应的 dB 值时，如果超过相对应的数值 -4dB，记录该回波显示。

显示的回波深度在 20mm 左右。当焊缝根部母材与垫板有一定间隙时，回波显示深度等于板材厚度（16mm）、垫板厚度（4mm）与间隙宽度的和，即探伤仪屏幕上显示的反射波深度大于 20mm。

7.6.2 垫板的下端角（G 和 H）反射信号的识别

如图 7-67 所示，当焊缝根部母材与垫板间结合良好没有间隙时，（G、H 点）回波显示深度均接近于板材厚度（16mm）与垫板厚度（4mm）的和，即探伤仪屏幕上

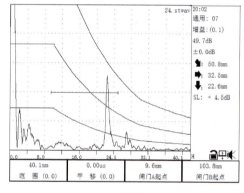

a) 无间隙　　　　　　b) 有间隙

图 7-67　垫板的端角 *G*、*H* 点的反射波

波形的特点：深度位置一般都不小于 20mm（壁厚＋垫板厚度＋间隙宽度），水平位置在 *A* 侧，探头在 *B* 侧移动只能扫查到 *G* 点，*G* 点才能在探伤仪屏幕上有反射信号波；相反，当探头在 *A* 侧移动时只能扫查到 *H* 点，此时 *H* 点才能在探伤仪屏幕上有反射信号波，单侧不能同时扫查到垫板的端角 *G* 或 *H* 点。如果是同一位置的焊缝不连续回波，从焊缝的双侧扫查时，探伤仪屏幕上一般都会有反射信号的显示，而且一次波一般也能扫查到。

7.6.3 垫板的上端角（E 和 F）反射信号的识别

如图 7-68 所示，当焊缝根部母材与垫板间结合良好没有间隙时，（E、F 点）回波显示深度都接近于板材厚度（16mm）与 2 倍垫板厚度（4mm）之和，即探伤仪屏幕上显示的反射波深度在 24mm 左右；当焊缝根部母材与垫板有一定间隙时，回波显示深度等于板材厚度（16mm）、2 倍垫板厚度与间隙宽度三者之和，即仪器屏幕上显

示的反射波深度应大于 24mm。

此类波形的特点与垫板的端角 G、H

点的波形特点相同。

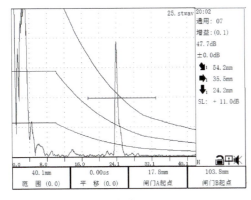

a) 无间隙

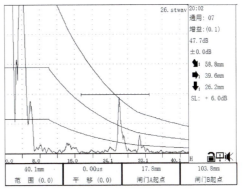

b) 有间隙

图 7-68　垫板的上端角 E、F 点的反射波

7.6.4　垫板的端面（EG、FH）反射信号的识别

如图 7-68 所示，在探伤仪屏幕上发现垫板的端角 E、F、G、H 点的反射信号的同时，垫板的端面 EG、FH 一直会有反射信号波出现，只是这些位置的最高反射信号的波峰出现在垫板的端角 E、F、G、H 点处，深度位置出现在 $20 \sim 24mm$ 的位置。所以，在实际检测过程中一般只判定垫板上下端角的最高波峰的位置和特征。

7.6.5　焊缝内部（W 区）反射信号的识别

图 7-69 所示波形是所有焊缝内部不连

续性反射波的一个特例，此类波形的特点及判定方法如下。

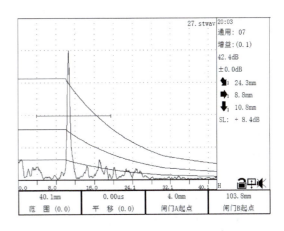

图 7-69　焊缝内部 W 区的反射波

1）当探伤仪屏幕上回波显示深度小于板材厚度（16mm）时，这些回波都在一次波扫查范围内，探头垂直焊缝移动区域在 L_1（或 L_2）的内侧（靠近焊缝侧），可以直接判定这些显示是焊缝内部 W 区靠下侧部位的不连续回波（包括焊缝根部的未焊透），很容易和焊缝外部的非连续回波区分开。

2）当探伤仪屏幕上回波显示深度大于板材厚度（16mm）且小于 32mm 时，如果探头在 L_1（或 L_2）的内侧，对探伤仪屏幕上显示的信号回波可以不予评定，因为这些反射波可能是垫板的端角反射信号回波，即便是二次波扫查到的焊缝上的不连续回波，也是位于焊缝下侧部位，用一次波从焊缝的双侧能扫查到的部位。

3）如果探头在 L_1（或 L_2）的外侧时，在探伤仪屏幕上发现的反射波只要在焊缝区域 W 以内，那么此反射波肯定是焊缝上的不连续回波，而不应该是垫板的端角反射信号回波。

7.6.6 焊缝外表面（P-Q 区）反射信号的识别

如图 7-70 所示，当探头垂直焊缝移动到 R 或 T 位置时，探伤仪屏幕上显示信号的水平位置为 51.2mm，用钢直尺测量正好在焊缝边缘的位置，深度位置为 31.9mm，差不多为两倍的母材厚度，（图 7-65 中焊缝表面区域 P-Q 区），这类回波通常是因为焊缝咬边或焊缝余高形状突变所致。判断此类波形时，用手蘸些耦合剂敲击此反射点，观察探伤仪屏幕上的反射波是否应随敲击节奏上下跳动，探伤仪屏幕上的反射波跟随敲击跳动的就是焊缝外表面的反射信号。

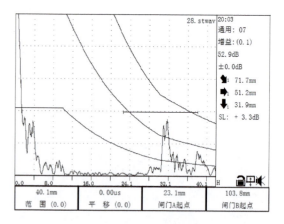

图 7-70 焊缝 P-Q 区的反射波

加垫板对接焊缝的超声检测要点：检测前充分了解接头的基本焊接信息（焊缝类型、坡口形式、焊接方法、材料、管件规格、垫板规格、间隙宽度等）；根据接头的焊接基本信息，分析焊接接头可能会产生反射信号波的部位。

7.7 超声焊缝检测常见缺陷特征和识别

超声检测技术具有检测灵敏度高、速度快、成本低、穿透力强、设备体积小便于携带、对人体无害等优点，在焊缝检测中得到广泛的应用。但同时也存在着无法得到缺陷图像、只能通过探伤仪屏幕上显示的反射回波信号，计算出缺陷的位置和深度，超标缺陷的回波性质判断很难等不足。根据作者平时积累的一些经验，及对焊缝中常见的缺陷波形特征观察，总结出一套准确判断裂纹、未熔合、未焊透、气孔、夹渣等常见缺陷的识别方法。

7.7.1 气孔

（1）产生原因 气孔是最常见的焊接缺陷，它是由于焊接时熔池内的气体，没在金属冷却过程中逸出，在焊缝内形成的空穴。在焊接过程中由于工件表面有油污和锈、焊接速度快、焊条药皮烧熔、熔池冷却速度快等原因容易形成气孔。

（2）气孔反射波的特征

1）单个气孔反射回波波高低，波形为单峰，较稳定；在探头左右移动时反射回波迅速消失，探头环绕扫查时，反射回波高大致不变，如图 7-71a 所示。

2）密集气孔在探伤仪屏幕上显示一簇反射波，其反射波高低，一般都在评定线上下，波谷宽波峰为多峰，探头左右移动时，反射回波此消彼长，探头平行于焊缝移动

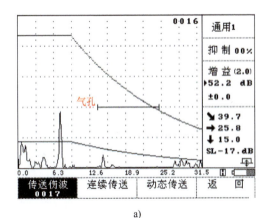

图 7-71 气孔波形显示

时,密集气孔波高变化不明显,有一定长度,在检测过程中密集气孔很容易当成合格缺陷,如图 7-72a 所示。

3)实际验证:在焊缝检测中发现疑似气孔和密集气孔波形,对焊缝进行返修,如图 7-71b 所示,返修到 6mm 时,发现焊缝中有单个气孔显示。如图 7-72b 所示,当返修到 13.3mm 时,发现焊缝内部有密集气孔显示。

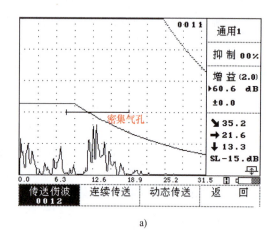

a)

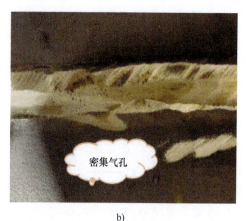

b)

图 7-72 密集气孔波形显示

7.7.2 夹渣

(1)产生原因 夹渣是焊接过程中金属夹杂物来不及逸出,在焊缝中形成焊渣,是由于焊接电流过小、焊接金属不能充分熔化、焊缝清理不干净、焊条施焊角度不正确等原因形成的。

(2)反射波的特征

1)点状夹渣的反射回波信号和单个气孔回波信号相似,如图 7-73a 所示,夹渣的回波信号波谷比气孔回波信号宽,探头左右旋转,回波迅速消失,环绕扫查波高高度变化大,探头平行焊缝扫查波高消失。

2)条状夹渣反射回波信号和裂纹回波信号相似,波峰呈锯齿状,不同于裂纹回波信号的是主峰边上伴有小波,波高高度低;探头左右转动波高消失,探头平行焊缝移动,由于夹渣边缘不规则造成波高变化大。

(3)实际验证 如图 7-73b 所示,在焊缝检测中发现疑似夹渣波形,对焊缝进行返修,返修到 13mm 时,发现焊缝夹渣缺陷显示。

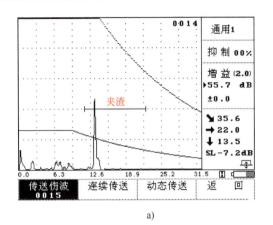

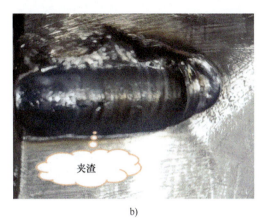

a)

b)

图 7-73　夹渣波形显示

⊙ 7.7.3　未焊透

（1）产生原因　未焊透是由于焊接间隙过小、焊接电流小等原因形成接头的根部未完全熔透，一般 V 形接头出现在焊缝根部，X 形接头出现在焊缝中部位置。

（2）反射波的特征　如图 7-74a 所示，未焊透反射回波波高高，最高波高一般超过判废线 10dB 左右；波形陡峭，类似于端角反射回波；探头左右旋转时波高下降快；探头平行于焊缝移动时波高稳定；从焊缝两侧检测时反射波高高度和水平距离大致相同。

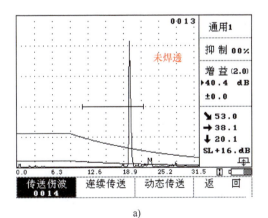

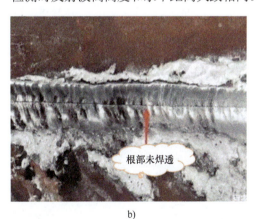

a)

b)

图 7-74　未焊透波形显示

（3）实际验证　如图 7-74b 所示，在焊缝检测中发现疑似未焊透波形，对焊缝进行返修，返修到 20mm 时，发现焊缝根部未焊透显示。

7.7.4　裂纹

（1）产生原因　焊接裂纹是最危险的平面状焊接缺陷之一，根据裂纹存在的位置分为焊缝内部裂纹和热影响区裂纹。在焊接过程中，由于连续焊接温度过高，大于 300° 时产生的焊缝裂纹称为热裂纹，低温下焊接，焊缝冷却过快，小于 200° 时产生的裂纹称为冷裂纹。裂纹特征为端部尖锐开口，容易产生应力集中，影响产品的使用寿命和安全性能。

（2）反射波的特征　如图 7-75a 所示，当超声波入射主声束和裂纹垂直时，裂纹的反射回波波高较高，一般在定量线以上，有的超过判废线，波谷宽，波峰出现多峰。探头左右转动时波峰交替上下波动，探头平行焊缝移动时，反射回波波高变化不大，波峰有时会交替上升，移动到缺陷边缘时波高下降较快，直到反射回波消失。

（3）实际验证　如图 7-75b 所示，在焊缝检测中发现疑似裂纹波形，对焊缝进行返修，返修到 11mm 时，发现焊缝内部裂纹显示。

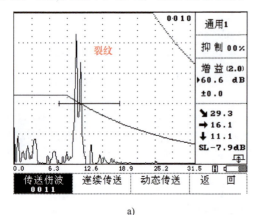

a)

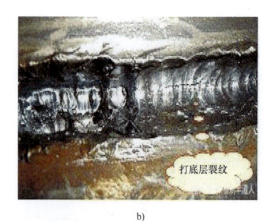

b)

图 7-75　裂纹波形显示

7.7.5　未熔合

（1）产生原因　未熔合是在焊接过程中，焊丝和母材之间或焊接层次之间没有完全熔合在一起形成的缺陷。根据未熔合在焊缝中位置分为层间未熔合、坡口未熔合、根部未熔合。

（2）反射波的特征 如图7-76a所示，当超声波入射主声束和未熔合缺陷垂直时，回波幅度较高，波形陡峭，根部伴有小波，探头左右旋转时波高下降明显，甚至消失；当平行于焊缝移动时，波高较平稳变化小；当探头从两侧检测时，反射回波波高两侧一高一低不一致，有时只能在一侧发现反射回波；另一侧没有反射回波显示；如果探头 K 值选择不当会产生漏检。

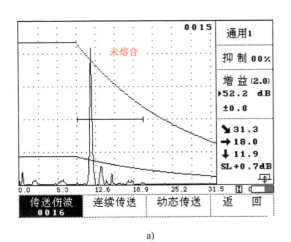

a)　　　　　　　　　　b)

图7-76　未熔合波形显示

（3）实际验证 如图7-76b所示，在焊缝检测中发现疑似未熔合波形，对焊缝进行返修，返修到12mm时，发现焊缝坡口未熔合显示。

技能大师经验谈：通过对焊缝常见缺陷产生原因、波形特征的分析和实际验证，总结出如何快速区分点状缺陷和线状缺陷的技巧。

1）点状缺陷波高比条状缺陷波高低。

2）探头平行焊缝移动时，点状缺陷波高迅速消失，条状缺陷波高基本稳定。

3）从两侧检测点状缺陷波高变化不大，条状缺陷波高两侧一高一低不一致，有时只能在一侧发现反射回波；另一侧没有反射回波显示。

4）根部未焊透缺陷波形特征，从焊缝两侧检测时反射波高高度和水平距离大致相同。

7.8 超声焊缝检测非缺陷回波显示特征和识别

在焊缝超声检测中，探伤仪屏幕上除了显示焊缝缺陷的反射回波外，还会显示一些非缺陷反射回波，这些非缺陷造成的反射回波统称为伪缺陷波。这些伪缺陷的反射回波图像很容易和缺陷回波图像混淆，检测人员容易将伪缺陷判断为缺陷，造成不必要的返修，增加生产成本。所以将这些伪缺陷和缺陷区分开来很重要。

常见的伪缺陷波有如下几类，一般有探伤仪器、探头杂波，工件轮廓回波，耦合剂反射波以及其他一些波引起的非缺陷反射回波图像。

7.8.1 探伤仪器杂波

（1）波形特征 如图 7-77 所示，检测探伤仪打开电源后不连接探头的情况下，在探伤仪屏幕上固定位置会出现单缝和多峰的反射回波图像，波形图像不随探头的移动而改变，降低检测灵敏度后此杂波消除。

（2）产生原因 这些图像是由于探伤仪性能不良、检测灵敏度过高等引起的。

7.8.2 探头杂波

（1）波形特征 如图 7-78 所示，检测探伤仪连接上探头后，在探伤仪屏幕上 0 点

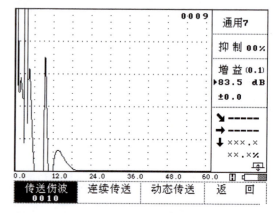

图 7-77　探伤仪器杂波图像

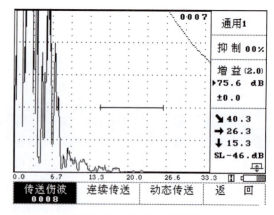

图 7-78　探头杂波图像

位置出现始脉冲波高很高、很宽的反射回波，图像固定不动、不随探头移动而改变。

（2）产生原因 是由探头内部结构不良

造成的，主要是声波在有机玻璃楔块内的反射回波到晶片形成杂波显示。检测中使用这种探头容易漏掉始脉冲范围内缺陷，影响检测质量。

7.8.3　耦合剂反射回波（油波）

（1）波形特征　如图 7-79 所示，在探伤时探伤仪屏幕上经常会出现一个根部大三角形反射回波图像，探头不动，随工件上耦合剂的流动，波高逐渐降低，在用手点击探头前端的耦合剂时，此波迅速消失。

（2）产生原因　这是由于探伤仪灵敏度高、探头折射角过大，在检测工件表面上形成表面波，表面波声束遇到耦合剂造成的反射回波。

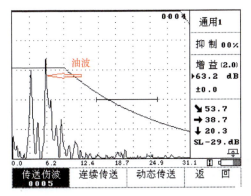

图 7-79　油波图像

7.8.4　工件轮廓回波（沟槽）

（1）波形特征　如图 7-80 所示，一般出现在一次波和二次波后面，探头两侧扫查均有回波，波高和水平位置显示几乎相同，用手沾耦合剂在焊缝上下两个表面点动，此反射波也跟随手的点动上下跳动。

（2）产生原因　焊缝采用多道焊接时，两层焊道之间会形成沟槽，当超声波声束扫查到沟槽时，会引起沟槽反射。

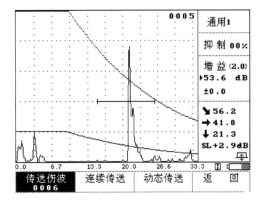

图 7-80　沟槽图像

7.8.5　焊瘤回波

（1）波形特征　如图 7-81 所示，焊瘤回波深度显示大于板厚（1～3mm），两侧检测时都能发现，波形显示水平距离相同，显示位置不在探头侧而是在对面偏离焊缝中心（2～4mm），焊瘤小反射回波强烈，波高较高，焊瘤大反射回波平缓，波高较低。探头平行焊缝移动时，该波一直出现在探伤仪屏幕上，很容易与根部未熔合混淆，焊缝根部余高磨平后此波消失。

（2）产生原因　焊接形式为单面焊双面成形的焊缝，根部会产生焊接余高，当超声波声束入射到余高时就会产生反射回波，当入射角小于第三临界角时，在焊瘤处就会产生反射纵波和反射横波，在仪器屏幕上就会出现如图 7-81 所示，山形波显示。

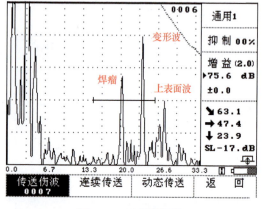

图 7-81　山形波图像

（3）山形波的特征　在探伤仪屏幕上一次波后面同时出现图 7-81 所示的三个反射回波，由焊瘤回波、变形波（纵波反射波）、上表面波（横波反射波）组成，形状

形似"山"字，故将此波形统称为山形波。由于反射纵波声速 5900m/s 比反射横波声速 3230m/s 大，所以反射纵波回波时间短，出现在焊瘤回波后面，横波反射回波出现在最后，且三个波之间间距几乎相等，打磨焊缝余高此波消失，该反射回波为伪缺陷反射回波。

技能大师经验谈：通过上述对几种非缺陷回波特征和产生原因分析，总结出识别缺陷波和非缺陷波的三个方法：

1）焊缝非缺陷回波在上下表面回波，识别方法是用手沾耦合剂拍打焊缝上下表面探伤仪显示水平距离位置附近，观看此回波是否跟随手拍打节奏上下跳动，若跳动可判断为非缺陷波，若不跳动可判定为缺陷波。

2）更换不同角度探头验证，若此波消失可判定为非缺陷波；若此波在相同的位置还出现，可判定为缺陷波。

3）打磨焊缝余高，若此波消失可判定为非缺陷波，若还存在可判定为缺陷。

7.9　对接焊缝横波检测一次波扫查高度的确定

薄板对接接头多采用 V 形坡口单面焊双面成形的焊接方式，对这种类型焊缝超声检测经常用直射法和一次反射法相结合的单面双侧检测。在检测过程中经常会遇

到焊缝根部余高的反射波和焊缝根部缺陷的反射波混淆在一起难以辨别，造成缺陷定位不准和误判等现象。下面介绍一种确定一次波扫查高度的方法，解决由于焊缝

余高反射回波对探伤检测缺陷评定造成的影响。

7.9.1　一次波扫查高度的确定

在焊缝超声检测时，如图 7-82 所示，探头前后移动，当探头前端与焊缝边缘相接触，探头一次波主声束与焊缝中心线的交点到母材下表面的距离称之为一次波扫查高度，用 h 表示。

$$h = T - (a/2 + L_0)/K \qquad (7\text{-}4)$$

式中　T——材料厚度（mm）；

　　　a——焊缝上表面宽度（mm）；

　　　L_0——探头前沿距离（mm）；

　　　K——探头 K 值。

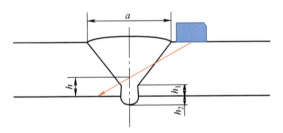

图 7-82　一次波扫查高度 h 示意图

由式（7-4）可以看出一次波扫查高度与材料厚度、焊缝上表面宽度、探头前沿距离、探头 K 值有关。当材料厚度和焊缝上表面宽度一定时，一次波扫查高度主要取决于探头的 K 值和前沿距离的大小。

若探头的 K 值和前沿距离选择不当，就会遇到焊缝根部余高的反射波和焊缝根部缺陷的反射波，混淆在一起难以辨别，造成缺陷定位不准和误判等现象。

当探头的 K 值小、前沿距离大时，就会出现以下几种情况：

情况 1：$h = 0$ 时，如图 7-83 所示，当探头前端和焊缝边缘接触时，探头一次波主声束与焊缝宽度中心线没有相交，一次波无效。

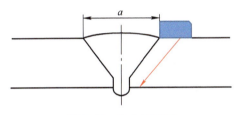

图 7-83　$h=0$ 示意图

情况 2：$h < h_1$，由于纯边高度 h_1 和焊缝余高 h_2 相当，一般为 3mm，即 $h_1 < 3mm$，如图 7-84 所示，探头主声束一次波直接扫查余高反射波和二次波扫查到的焊缝根部缺陷反射波声程近似相等，探伤仪屏幕上显示波形混淆不清难以分辨。

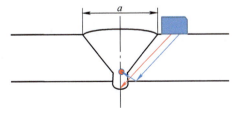

图 7-84　$h < h_1$ 示意图

情况3：当 $Kh \leq b/2$ 时，如图7-85所示，探头二次波的主声束反射点在下焊缝余高之中，通过余高根部反射扫查到的缺陷，形成缺陷回波定位不准。

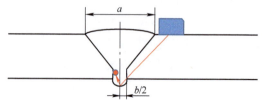

图7-85　$Kh \leq b/2$ 示意图

情况4：当 $Kh > b/2$ 时，二次波的主声束反射点落于下焊缝宽度以外的母材上，没有进入焊缝余高区域，不会产生缺陷波定位不准的现象。

情况5：$h > h_1$ 时，一次波扫查焊缝根部区域。采用单面双侧检验，一次波将扫查高度以下的焊缝根部区域扫查完毕。

技能大师经验谈：在选择探头时应满足以下两个条件：①一次波扫查高度大于钝边高度，即 $h > h_1$；②一次波扫查高度的水平距离大于二分之一下焊缝宽度的二分之一，即 $Kh > b/2$。

7.9.2　一次波扫查高度法的实际应用

1. 在直射法中的应用

用一次波主声束直接扫查焊缝根部的探伤方法为直射法，又称为一次波扫查法。

1）探头的选择：选用 $h > h_1$，$Kh > b/2$ 的探头。

2）探头移动距离：探头前端和焊缝接触点向后移动满足直射波扫查焊缝的距离，用 L_1 表示。即一次波主声束线由 B 点移至 D 点完成一次波扫查，如图7-86所示。

$$L_1 = \overline{BD} - \overline{BM} + \overline{MC} + \overline{CD} = Kh + b/2 + d$$

$$(7\text{-}5)$$

式中　d——CD 焊缝热影响区（mm）。

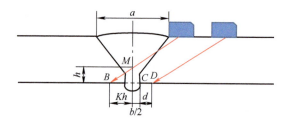

图7-86　一次波扫查示意图

3）直射波扫查焊缝区域：在焊缝两侧对焊缝进行扫查，能够检测出小于一次波扫查高度的焊缝根部缺陷。

4）直射法的缺陷识别方法：

方法一：采用水平1:1定位方法，当最高反射波的声程水平值小于 TK 时，即可判定此反射回波为缺陷回波。

方法二：采用深度1:1定位方法，当最高反射波的声程深度值小于 T 时，即可判定此反射回波为缺陷回波。

2.在一次反射法中的应用

用二次波主声束扫查焊缝区域的探伤方法称为一次反射法，又称为二次波扫查法。

1）探头扫查前沿位置:如图7-87所示，利用二次波扫查时，探头前沿至焊缝边缘等距离的 M 线应在工件上画出，作为二次波扫查时探头前沿位置的依据。

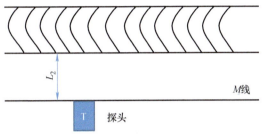

图7-87 探头前沿位置线

2）探头前沿位置线至焊缝边缘的距离用 L_2 表示，如图7-88所示。

$$L_2 = \overline{FH} = \overline{EN} - \overline{EF} - \overline{HN} = (T+h)K - L_0 - a/2 \quad (7\text{-}6)$$

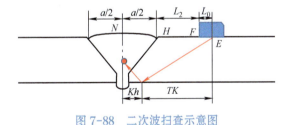

图7-88 二次波扫查示意图

3）二次波扫查探头自 M 线后移的最小距离，用 L_3 表示。

探头主声束线自 A 点移至 G 点完成二次波扫查，探头后移的最小距离 L_3，如图7-89所示。

$$L_3 = \overline{AG} = \overline{AP} + \overline{PH} + \overline{HG} = L_0 + a + d \quad (7\text{-}7)$$

式中 d——$\overline{HG}$ 焊缝热影响区（mm）。

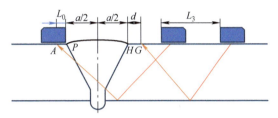

图7-89 二次波扫查探头后移的最小距离示意图

4）一次反射波法的缺陷识别方法：

方法1：采用水平1:1定位方法，当最高反射波声程水平值大于 $(T+h)K$，小于 $2TK$ 时，即可判定此反射回波为缺陷回波。

方法2：采用深度1:1定位方法，当最高反射波声程深度值大于 $T+h$，小于 $2T$ 时，即可判定此反射回波为缺陷回波。

技能大师经验谈：①上下焊缝的余高反射回波，均不在一次波、二次波缺陷识别方法条件范围内，故余高回波不是缺陷波；② h 大于 h_1 和 h_2 时，焊缝根部区域在一次波扫查范围内，不在二次波扫查范围之内，故无混波现象；③一次波在焊缝两侧扫查焊缝根部区域，二次波法扫查焊缝根部以上区域，焊缝截面达到全覆盖无盲区、不漏检。

7.10 小径管对接焊缝横波检测典型缺陷的识别

小径管对接焊缝超声检测中，由于曲率大，管壁薄（4～8mm），焊缝宽，反射回波杂等因素，在超声检测中对缺陷的判定带来很大影响。对这类焊缝检测时应选择大频率、小晶片、大K值、短前沿探头对焊缝进行检测。在实际检测过程中，根据不同缺陷回波特征总结出识别缺陷的方法，能够快速将缺陷回波和非缺陷回波区分开来。

下面对直径 159mm，壁厚 8mm，小径管 V 形接头对接焊缝超声检测时发现的一些典型缺陷特征进行介绍。

小径管检测条件：采用数字超声波探伤仪 KW-4C，5P6×6K3、前沿 5mm 探头，探伤仪扫描比例水平 1:1，一次波位于探伤仪屏幕水平扫描线 24mm，二次波位于 48mm，耦合剂为润滑油，试块为 CSK-ⅠA、CSK-ⅡA。

7.10.1 裂纹

1. 根部中心裂纹

波形特征： 反射回波出现在探伤仪屏幕水平扫描线 20～28mm 处，位置在底面反射回波前后。

当裂纹深度在 1.5mm 以下，根部捏

合时，如图 7-90 所示，缺陷回波一侧出现在一次波前，另一侧出现在一次波后位置，两侧探测的反射波对称且水平距离相等；当裂纹深度大于 2mm 以上，焊根开口 0.5mm 时，一次波从两侧探测的反射波对称，与端角反射相似。此时裂纹波水平距离位于焊缝中心，与未焊透波形相同。

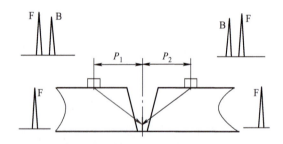

图 7-90　根部中心裂纹 $P_1 = P_2$

P_1、P_2—探头入射点到缺陷的距离

探头垂直于焊缝前后移动时，裂纹的波高很高，会出现多峰现象；探头水平移动时，因反射面凹凸不平，使裂纹的波高交替上升，与未焊透的波高变化稳定不同。

2. 根部熔合线裂纹（未熔合）

波形特征： 如图 7-91 所示，两侧检测反射特征与中心裂纹一样，缺陷侧的水平距离比非缺陷侧的水平距离大 2～4mm，缺陷位置偏离焊缝中心在根部一侧熔合线附近。

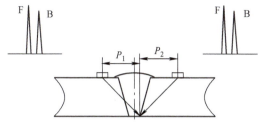

图 7-91　根部熔合线裂纹

3. 焊缝上部中心裂纹

波形特征：反射回波出现在探伤仪屏幕水平扫描线 44～52mm 处，位置在上表面二次波前后。

当裂纹深度在 1.5mm 以下，根部捏合时，如图 7-92 所示，缺陷回波一侧出现在二次波前，另一侧出现在二次波后，从两侧探测，反射波对称且水平距离相等；当裂纹深度大于 2mm 以上时，二次波从两侧探测，反射波对称，与端角反射相似。

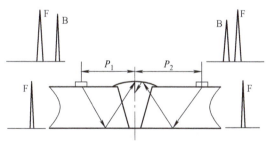

图 7-92　顶部中心裂纹 $P_1 < P_2$

识别方法：可用蘸耦合剂的手指拍打焊缝余高表面来识别，波峰不随手指拍打上下跳动，就是裂纹波。

探头垂直于焊缝前后移动时，裂纹波高很高，会出现多峰现象；探头水平移动时，因反射面凹凸不平，使裂纹波高交替上升，与未焊透波高变化稳定不同。

4. 焊缝上部熔合线裂纹（坡口未熔合）

波形特征：反射回波出现在探伤仪屏幕水平扫描线 43～53mm 处，位置在二次波前后出现，两侧检测反射特征与中心裂纹一样，缺陷侧的水平距离比非缺陷侧的水平距离大 5～10mm，缺陷位置偏离焊缝中心在一侧熔合线附近，如图 7-93 所示。

识别方法：可用蘸耦合剂的手指拍打焊缝余高表面来识别，波峰不随手指拍打上下跳动，就是裂纹波。

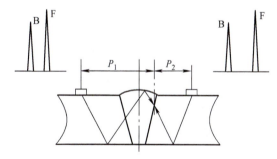

图 7-93　焊缝上部熔合线裂纹 $P_1 > P_2$

7.10.2　未焊透

1. 双侧未焊透

波形特征：管焊缝对口间隙小于 2mm 时，从两侧检测未焊透回波高度几乎相同，位置和一次波位置重合，两侧水平距离相

173

等，位于焊缝中心。

管焊缝对口间隙大于 2mm 时，从两侧检测未焊透有较规则的钝边，端角反射强烈，反射回波出现在探伤仪屏幕水平扫描线 20～28mm 处，位置在一次波前出现；两侧检测水平距离相同，缺陷位于距焊缝中心两侧 2mm 左右位置，如图 7-94 所示。

探头平行于焊缝移动时，连续未焊透最大反射回波幅值几乎不变，断续未焊透最大反射回波幅值缓慢地起伏，探伤仪屏幕水平扫描线位置基本保持不变。

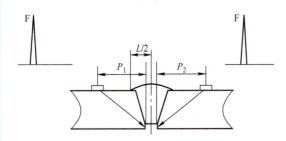

图 7-94　双侧未焊透

2. 单侧未焊透

波形特征：如图 7-95 所示，探头在两侧垂直焊缝前后移动扫查时，非缺陷侧扫查只有底面回波，另一侧波峰位置在一次波前出现。

探头在缺陷侧水平移动时，连续未焊透最大反射回波幅值几乎不变，断续未焊透最大反射回波幅值缓慢地起伏；探头在非缺陷侧水平移动时，无未焊透波。

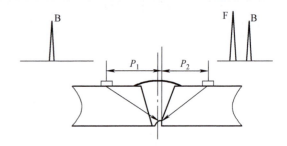

图 7-95　单侧未焊透

7.10.3　内凹（塌腰）

波形特征：从焊缝两侧探测，反射回波高度比裂纹、未焊透反射回波低，因为内凹外形近似圆弧曲面，发射回波发散，回波高度低。在探伤仪屏幕水平扫描线 25～30mm 位置出现，两侧检测水平距离相等，缺陷显示位置都是在检测面，离焊缝中心 2～4mm，如图 7-96 所示。

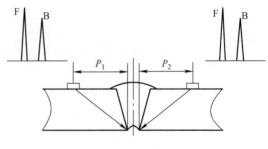

图 7-96　内凹

探头前后移动波形稳定。探头水平移动时，在内凹长度内最大反射波略有变化。

7.10.4 焊瘤

　　波形特征：小径管对接接头为 V 形坡口单面焊双面成形的焊接形式，小径管焊接采用全位置焊接方法，在焊接过程中背透成形过大就会形成焊瘤，多出现在管子平焊和爬坡焊位置。

　　两侧检测时焊瘤在探伤仪屏幕上显示波形尖锐、波高较高且两侧波高几乎相同，探头前后移动波高变化较平稳，如图 7-97 所示，缺陷波出现在底面回波后，在探伤仪屏幕水平扫描线 25～32mm 位置显示，两侧检测水平距离相同，但缺陷显示位置不在焊缝中心探头侧，而是在离焊缝中心对面 4mm 左右位置。

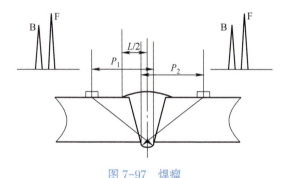

图 7-97　焊瘤

7.10.5 内咬边

　　波形特征：如图 7-98 所示，从两侧探测时内咬边回波在一次波前位置出现，位于探伤仪屏幕水平扫描线 20mm 左右。内咬边存在于根部焊缝边缘，若焊缝一侧有内咬边，波形就很容易和根部单侧未熔合、未焊透波形混淆，其波高比未熔合和未焊透波高低，若缺陷波高较小，还可在焊缝一侧观察到根部焊缝的反射波。

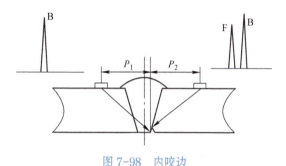

图 7-98　内咬边

　　若焊缝两侧都有内咬边，波形很容易和双侧未焊透和内凹波形混淆，其波高比内凹和未焊透波高低。从两侧探测，缺陷位于焊缝中心线一侧或两侧根部余高附近。

7.10.6 坡口边缘未熔合

　　波形特征：在焊缝两侧探测时均有反射信号，如图 7-99 所示，出现位置在一次波前后，从未熔合侧探测时，其反射信号较强，从非未熔合侧探测时，反射信号比缺陷测低或没有反射信号，有未熔合侧水平距离比没有未熔合侧水平距离长 4mm 左右，从两侧探测，缺陷位于焊缝中心线一侧熔合线附近。

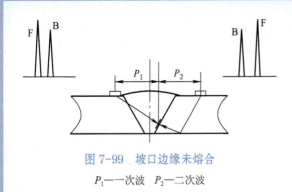

图 7-99　坡口边缘未熔合

P_1——一次波　P_2—二次波

技能大师经验谈：对一些强度高的材料除了按检测标准规定的灵敏度进行探测外，应特别注意对危害性缺陷的判别，包括反射波高度不超标且具有一定长度的缺陷，防止危害性缺陷的漏检。

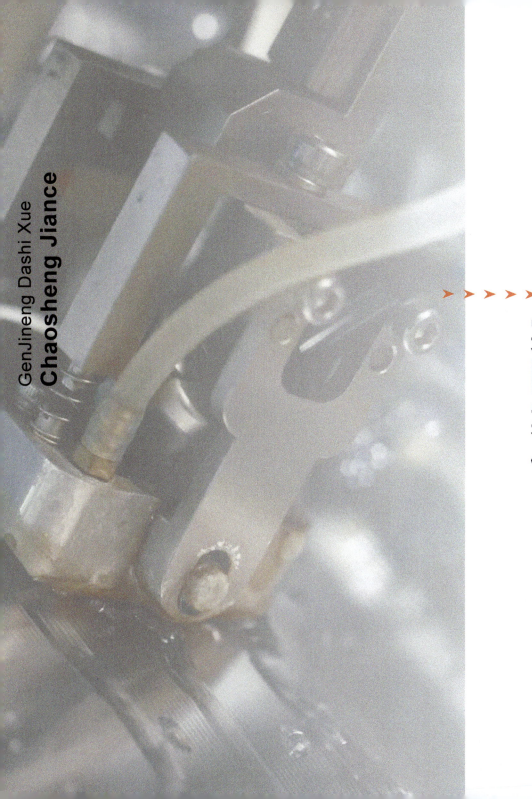

8

实际案例

实际案例 1
锻件超声检测：平底孔当量计算法

现以 2.5P20 直探头检测长 200mm、宽 100mm、高 100mm 的锻件，如案图 1-1 所示，检测灵敏度为 100mm/ϕ2mm 平底孔为例，介绍具体操作方法。

案图 1-1　被检锻件

1）测试前准备：用探头入射点测试所需仪器和设备，如案图 1-2 所示。

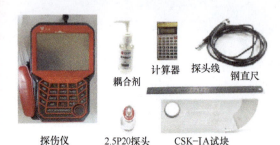

耦合剂　计算器　探头线　钢直尺

探伤仪　　2.5P20探头　　CSK-IA试块

案图 1-2　锻件检测所需设备

2）探头参数设置和声速零点校准：前面第三章讲解了直探头声速和零点校准方法，检测锻件声速、零点校准和参数设置同 3.1 节。

3）检测（扫查）灵敏度校准：将校准好的探头放置在被检锻件无缺陷的位置上进行扫查，如案图 1-3 所示，当扫查到锻件无缺陷底面反射回波最高波时，如案图 1-4 所示，调节探伤仪范围，使底面最高回波的水平位置在探伤仪屏幕的 80% 位置，将底面回波反射波高降为探伤仪满刻度的 80%，记录下此时探伤仪显示的增益值 7dB 和显示的锻件高度 99.8mm。

案图 1-3　锻件扫查示意图

案图 1-4　无缺陷底面反射波高

根据同声程大平底和平底孔声压差值公式

$$\Delta dB = 20\lg\frac{2\lambda x}{\pi d^2} = \left(20\lg\frac{2\times\dfrac{5.9}{2.5}\times99.8}{3.14\times2^2}\right)dB$$

$$= 31.5dB$$

检测灵敏度为 100mm/ϕ2mm 平底孔 $dB = \Delta dB + BG = 31.5dB + 7dB = 38.5dB$。

如案图 1-5 所示，将探伤仪增益值调整为 38.5dB，此时检测深度为 100mm，探伤仪的检测灵敏度校准完成。

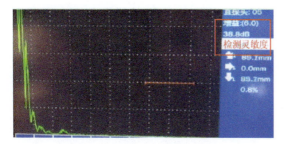

案图 1-5　探伤仪检测灵敏度

4）检测灵敏度校准后，将探头放置在锻件上面进行扫查，如案图 1-6 所示，当发现始波和底面反射波之间出现反射回波，此回波即为锻件内部缺陷回波。

5）调节探伤仪增益旋钮，将缺陷发射回波高度降为探伤仪满刻度的 80%，如案图 1-7 所示，记录下此时的增益值 11.8dB 和缺陷深度 75.2mm。

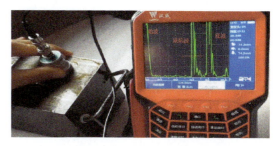

案图 1-6　发现缺陷回波显示

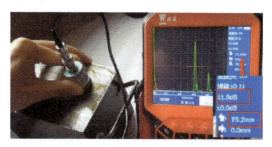

案图 1-7　缺陷位置显示

6）如案图 1-8 所示，将探头抬起，用红色记号笔对探头中心标记，再用钢直尺量出缺陷在 X 轴上 115mm，在 Y 轴上 75mm。

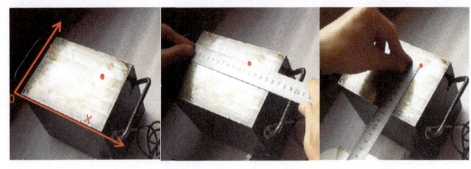

案图 1-8　量取缺陷位置

7）根据快速计算公式计算出缺陷的当量转化值

$$N = \Delta dB - 40\lg\frac{T}{X} - 12(dB)$$

式中　N——自定义变量，计算结果常表示为 $\phi 4mm + N$，用于单个缺陷质量评级（dB）；

ΔdB——缺陷与锻件厚度方向的 $\phi 2mm$ 平底孔相差多少 dB(dB)；

T——锻件厚度（mm）；

X——缺陷的深度（mm）。

$$N = \left(38.5 - 11.8 - 40\lg\frac{99.8}{75.2} - 12\right)dB = 9.784dB$$

$\phi 4mm + N = \phi 4mm + 9.784$（dB），对照锻件超声检测缺陷质量分级评定为单个缺陷Ⅲ。

8）将这个缺陷计算完成后，继续检测前必须先将探伤仪的灵敏度调整到 38.5dB，再对试件扫查，扫查到缺陷后按照上述步骤对缺陷进行定位和评定，见案表 1-1。

案表 1-1　锻件超声检测缺陷质量分级　　（单位：mm）

等级	Ⅰ	Ⅱ	Ⅲ	Ⅳ	Ⅴ
单个缺陷当量平底孔直径	$\leq \phi 4$	$\leq \phi 4 + 6dB$	$\leq \phi 4 + 12dB$	$\leq \phi 4 + 18dB$	$> \phi 4 + 18dB$
由缺陷引起的底波降低量 BG/BF	$\leq 6dB$	$\leq 12dB$	$\leq 18dB$	$\leq 24dB$	$> 24dB$
密集区缺陷当量直径	$\leq \phi 2$	$\leq \phi 3$	$\leq \phi 4dB$	$\leq \phi 4 + 4dB$	$> \phi 4 + 4dB$
密集区缺陷面积占检测总面积的百分比（%）	0	≤ 5	≤ 10	≤ 20	> 20

注 1. 由缺陷引起的底波降低量仅适用于声程大于近场区长度的缺陷。

2. 表中不同种类的缺陷分级应独立使用。

3. 密集区缺陷面积指反射波高大于或等于 $\phi 2mm$ 当量平底孔直径的密集区缺陷。

特别注意：在比赛和考试中，除了通过上述步骤对缺陷位置进行测量和评定外，还要对缺陷进行记录，记录内容包括缺陷的 X 轴位置，缺陷的 Y 轴位置、缺陷深度、转化值 N、评定级别等，另外还要画出缺陷的示意图。下面介绍怎样正确地填写记录，表格见案表1-2。

案表 1-2　缺陷记录表　　　　　　　　　　（单位：mm）

序号	X 轴位置	Y 轴位置	深度	转化值 N	评级	备注
1	115	75	75.2	$\phi4 + 9.784$dB	Ⅲ	
2						
3						

缺陷示意图

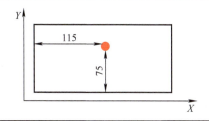
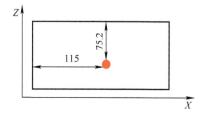

实际案例 2
钢板纵波的直探头检测方法

现以 2.5P20 直探头检测长 300mm、宽 200mm、高 20mm 的钢板，如案图 2-1 所示。具体操作方法介绍如下：

1）测试前准备：用探头入射点测试所需探伤仪和设备，如案图 2-2 所示。

2）探头参数设置：按探伤仪"参数"键进入"参数设置"菜单，设置探头类型、探头频率、探头直径，设置完成后按"确认"键。

案图 2-1　钢板检测

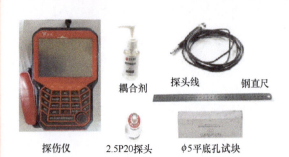

探伤仪　　　2.5P20探头　　　φ5平底孔试块

案图 2-2　钢板检测所用设备

3）探头零点校准：如案图 2-3 所示，将探头放置在 CSK-ⅠA 试块上，按"自动校准"键，输入一次回波距离为 40mm，二次回波距离为 80mm，调节自动增益将第一次回波高度达到满刻度的 80%，按"确认"键，零点和声速校准完成。

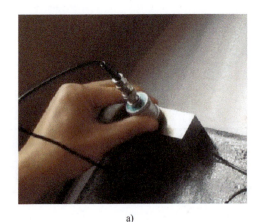

a)

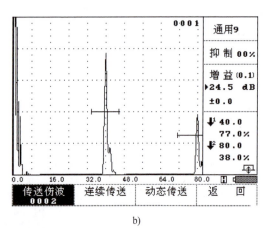

b)

案图 2-3　探头校准

4）制作 DAC 曲线确定探伤灵敏度：将校准后的探头放在 φ5mm 平底孔试块上，如案图 2-4 所示，移动探头找到深 10mm、直径 φ5mm 平底孔反射回波高度，调至满刻度的 80%，按"波峰记忆"键，确认第一点制作完成，按同样步骤分别找到深 20mm、30mm 的两点，如案图 2-5 所示，

DAC 曲线制作完成。

5）DAC 曲线制作完成后，耦合补偿增益 4dB，再将探头放置在被检测钢板无缺陷位置上，找到钢板底面反射回波，调节探伤仪范围旋钮，使钢板一次底面回波调至探伤仪屏幕水平满刻度的 80% 位置，如案图 2-5 所示，对钢板进行扫查，扫查从钢板右上角

开始，先左右、后上下、垂直两个方向对钢　　板 100% 扫查。

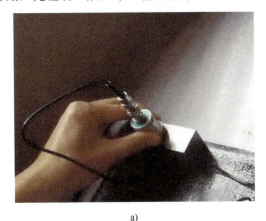

a)

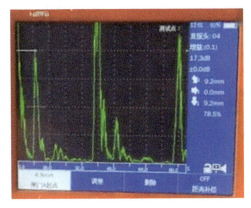

b)

案图 2-4　DAC 曲线制作过程

案图 2-5　调整检测范围

6）在对钢板扫查过程中，发现缺陷后，将缺陷回波高度降至屏幕满刻度的 80%，记录缺陷的深度值 14.2mm 和最高波高值 φ5mm + 12dB，如案图 2-6 所示。

7）将探头上下、左右移动，找寻缺陷的边缘，具体方法为：先将探头向上移动，到缺陷反射回波高度降为 DAC 曲线上

时，如案图 2-7 所示，将探头抬起用记号笔标注探头中心位置即为缺陷的上边缘，如案图 2-8 所示。按照相同方法检测出缺陷的大致形状，如案图 2-9a 所示，将记录的缺陷点连接起来，并将缺陷最外端用方框围起来，如案图 2-9b 所示，方框边缘作为测量缺陷的位置、大小测量点。

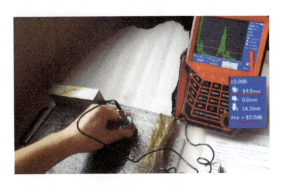

案图 2-6　记录缺陷

案图 2-7　测量缺陷边缘

案图 2-8　标记缺陷位置

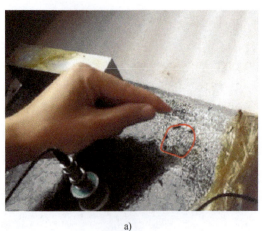

a)

b)

案图 2-9　缺陷范围的标注

8）用钢直尺从钢板左边缘开始量取缺陷 X 轴位置（注意：在比赛和考试时，一定要按照文件要求的零点、X 轴、Y 轴位置测量和标注）。本案例以右下角为零点，左右方向为 X 轴方向，上下方向为 Y 轴方向。

如案图 2-10 所示，测量得到缺陷左边缘在 X 轴 200mm 处，下边缘在 Y 轴 130mm 处，缺陷长度为 45mm，宽度为 45mm，测量后把缺陷填写在记录表中见案表 2-1。

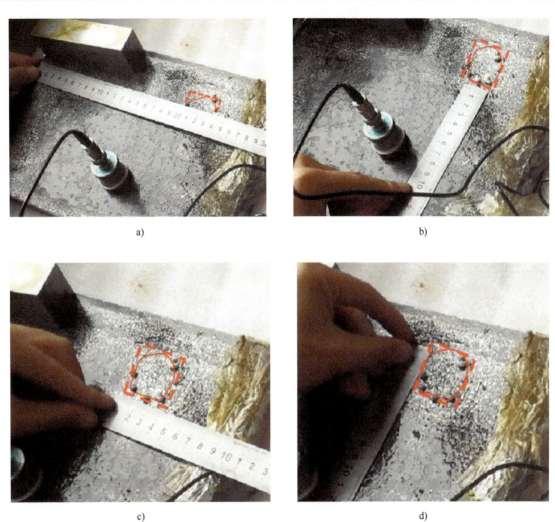

a)

b)

c)

d)

案图 2-10　缺陷的测量

9）缺陷记录完成后，探头继续按相同方法在钢板上扫查，找到缺陷后按上述方法将缺陷的位置和大小检测出来并做好记录，如果没有发现其他缺陷，此钢板检测完成，将发现的缺陷记录在案表 2-1 中，并画出缺陷示意图。

案表 2-1 缺陷记录表　　　　　　　　　（单位：mm）

序号	X	Y	H	L	W	S	最大波高
1	200	130	14.2	45	45	2025	$\phi 5 + 12dB$
评级							

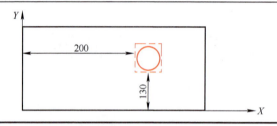

技能大师经验谈：在钢板检测中，发现缺陷并对缺陷记录后，再次扫查前一定要将灵敏度提高到 DAC 曲线灵敏度 dB 值，再对工件进行扫查，保证工件内部缺陷不漏检。如果不恢复探伤仪灵敏度，就会造成小缺陷漏检。记录缺陷位置和评级时，一定要仔细看好比赛或考试技术条件规定的零点位置和评价标准，再对缺陷定位和评级。在缺陷记录表上画缺陷时，注意缺陷的实际形状用实线画出，外框测量线用虚线画出。

实际案例 3
薄钢板的双晶直探头检测方法

双晶直探头主要检测板厚小于 20mm 的板材，如案图 3-1 所示，现以检测长度为 300mm、宽度为 200mm、厚度为 16mm 板材为例，介绍采用 2.5Pϕ20FG20 双晶直探头对工件进行检测的具体方法。

案图 3-1　14mm 钢板坐标 0 点示意图

1. 测试前准备

双晶直探头检测 16m 板材所需探伤仪和设备，如案图 3-2 所示。

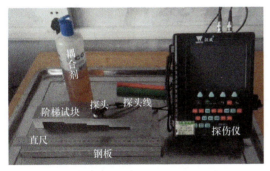

案图 3-2　检测所需设备

2. 探头参数设置

按探伤仪"参数"键进入"参数设置"菜单界面，输入探头类型为直探头、探头频率为 2.5MHz、探头直径 ϕ20mm，将探头接收形式改为"一发一收"模式，参数设置完成后按"确认"键，返回主界面。

3. 双晶探头校准

声速校准：用双晶探头线将探伤仪和探头连接，如案图 3-3 所示，探头连接后放置在阶梯试块厚度和板厚相同的阶梯台上，如案图 3-4 所示，进行双晶直探头零偏校准，按校准键后输入材料声速 5900m/s、再输入一次声程即板厚 16mm，二次声程为零，调节增益旋钮底面反射回波出现在探伤仪屏幕上，增加零偏数值使反射回波最高点位置在探伤仪上深度显示为 16mm 时，双晶直探头校准完成。

案图 3-3　探头连接

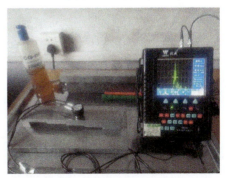

案图 3-4　双晶直探头零偏校准

4. 双晶直探头检测灵敏度确定

双晶探头声速校准完成后，如案图3-5所示，调节探伤仪扫查范围，将阶梯试块上16mm底面反射回波调至探伤仪时基线满刻度的80%，波高高度降为探伤仪满刻度的50%，此时增益值为26.6dB，标准 NB/T 47013.3 规定板厚不大于20mm

时，用阶梯平底试块调节或板材无缺陷完好处调节，将反射回波调至探伤仪满刻度的50%，再提高10dB作为基准灵敏度，增益值为36.6dB，如案图3-6所示，检测（扫查）灵敏度为基准灵敏度上再增加6dB，增益值为42.9dB，如案图3-7所示。

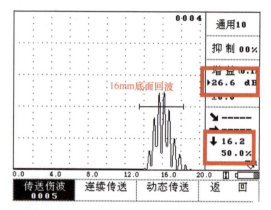

案图3-5　双晶直探头灵敏度调节

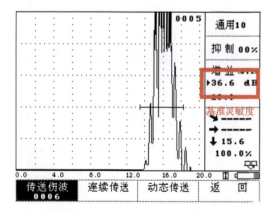

案图3-6　基准灵敏度调节

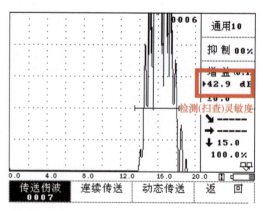

案图3-7　检测（扫查）灵敏度调节

5. 钢板检测方法

1）检测（扫查）灵敏度确定后，从规定的零点开始，采用格子扫查方式，先水平方向检测，后垂直方向检测，检测速度不大于 150mm/s。

2）扫查时，一定注意双晶直探头的隔声板始终垂直于扫查方向。

3）缺陷定位。在扫查过程中，如果发现底面回波前出现反射回波就是缺陷回波，如案图 3-8 所示，用闸门罩住缺陷波，显示缺陷深度为 10.8mm。

4）缺陷定量。缺陷定位完成后，对缺陷进行测长，测长方法采用绝对灵敏度法，左右和上下移动探头找到缺陷四个方向的边缘，标记出来即为缺陷的范围，具体操作如下：

首先，找到缺陷最高回波后，向工件左边移动探头，当缺陷波高降为 50%，如案图 3-9 所示，此时探头中心位置就是缺陷的左端缘，如案图 3-10 所示，用钢直尺测量得到 L_1 为 140mm。

其次，将探头向右移回到缺陷最高波位置，继续向右移动探头，当缺陷回波再次降到满刻度 50% 时，即为缺陷的右边缘，用钢直尺量出的 $L_2 = 175mm$，缺陷长度 $L = L_2 - L_1 = 175mm - 140mm = 35mm$。采用相同方法测得缺陷垂直方向高度 $H_1 = 85mm$，$H_2 = 102mm$，$H = 102mm - 85mm = 17mm$。测量缺陷长和高时探头隔声层始终垂直于扫查方向。

5）缺陷边缘点确定后，根据测量的结果在工件上画出一个一边平行于板材压延方向的矩形包围缺陷，其长边为缺陷的长度，矩形面积为缺陷的指示面积，如案图 3-11 所示。

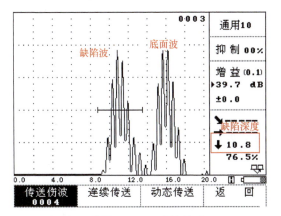

案图 3-8　缺陷波显示

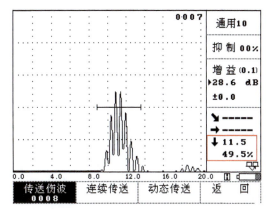

案图 3-9　缺陷测长波形显示

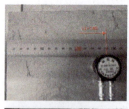

案图 3-10　缺陷定量示意图

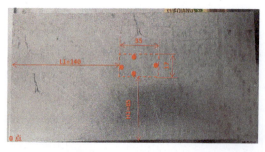

案图 3-11　缺陷的指示面积

6）该缺陷测量完毕后，将灵敏度恢复到检测（扫查）灵敏度 42.9dB，对工件其他部位进行扫查，再次发现缺陷时，按上述方法对缺陷测量和标记，如果没有发现其他缺陷，则该工件只有一个缺陷，双晶直探头扫查工件完成，根根比赛和考试的要求评判标准对该缺陷进行评定。

技能大师经验谈：采用双晶直探头检测板厚小于 20mm 的板材时，在基准灵敏度条件下，判定缺陷的方法为：

1）当发现缺陷反射回波高度大于等于探伤仪满屏高度的 50% 时，即可判定为缺陷。

2）当被检工件底面回波高度小于探伤仪满屏高度的 50% 时，即可判定为缺陷。

3）确定为缺陷后对其定量测量时，探头隔声层始终与探头移动方向相垂直。

4）移动探头使缺陷回波高度下降到探伤仪屏幕满刻度的 50%，探头中心位置即为缺陷的边界点。

现有板材超声检测标准包括"NB/T 47013.3—2015 承压设备无损检测 第 3 部分：超声检测""GB/T 2970—2016 厚钢板超声检测方法"，除这两个标准外还包括国际标准和国内各行业标准。不同标准规定的缺陷定位、定量和判定评定等级略有不同，在比赛和考试时，一定要看好比赛技术条件要求，按规定的标准对测得缺陷进行等级评定，不能盲目用自己平时工作所用标准对工件进行评定。

实际案例 4
薄壁管的超声检测方法

采用短前沿 5P6×6K2.5 探头对直径 ϕ159mm、高 170mm、壁厚 8mm 钢管（案图 4-1）对接焊缝进行超声检测的方法如下：

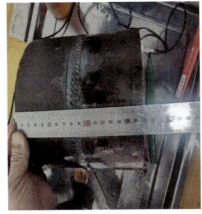

案图 4-1　管对接焊缝尺寸

1. 测试前准备

用探头检测薄壁管对接焊缝所需探伤仪和设备，如案图 4-2 所示。

2. 参数设置

按探伤仪"参数"键进入"参数设置"菜单，设置探头类型、探头频率、探头晶片尺寸，如案图 4-3 所示，设置完成后按"确认"键。

3. 声速校准及探头前沿和 K 值确定

1）前沿距离测量：将探头放置在 CSK-IA 试块上，进行声速校准，如案图 4-4 所示。前后移动探头找到 R100mm 圆弧面最高反射波，当反射波高降至探伤仪满刻度的 80% 后左右移动探头，使 R50mm 圆弧面反射回波在探伤仪水平位置第 5 格附近波高超过满刻度的 20%，按"确认"键声速校准完成。用手按住探头不动，用钢直尺量出探头前端数值 94mm，探头前沿距离 $L = 100\text{mm} - 94\text{mm} = 6\text{mm}$。

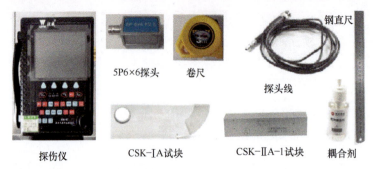

案图 4-2 管对接焊缝检测所需设备

5P6×6探头　卷尺　钢直尺

探头线

探伤仪　CSK-ⅠA试块　CSK-ⅡA-1试块　耦合剂

探伤参数

通　　道	通用7	
材料声速	3259	m/s
工件厚度	8.0	mm
距离坐标	H	
探头类型	斜探头	
探头频率	5.00	MHz
探头K值	2.50	
探头角度	68.2	
探头规格	06×06	
探头前沿	6.0	mm

案图 4-3　参数设置

2）K 值校准：探头声速校准后，将探头放置在 CSK-ⅠA 试块 K2.5 刻度上，前后移动探头找到直径 φ50mm 孔中心的最高回波，按"确认"键，探伤仪完成 K 值校准，如案图 4-5 所示。

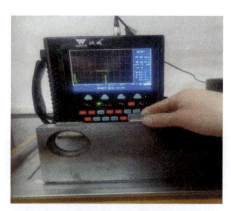

案图 4-5　K 值校准

案图 4-4　声速和前沿距离测量

4．DAC 曲线制作

制作 DAC 曲线时，选取的最深孔深度应大于壁厚的 2 倍，已知 2 倍壁厚为 16mm，选择 CSK-ⅡA 试块上 5mm、15mm、

25mm 深 ϕ2mm 横通孔制作 DAC 曲线。如案图 4-6 所示，具体制作过程为：单击探伤仪的"制作曲线"键进入"曲线制作"界面，将探头放置在 CSK-ⅡA 试块 ϕ2mm 横通孔深 5mm 位置，左右移动探头找到孔深 5mm 的最高反射回波，调节探伤仪增益旋钮将回波高度降为满刻度的 80%，按波峰记忆键，再按"确认"键，第一点制作完成，采用相同方法依次制作孔深 15mm 和 25mm 的两点，三点采集完成后按"确认"键，DAC 曲线制作完成。

a)　　　　　　b)　　　　　　c)

案图 4-6　DAC 曲线制作

曲线制作完成后按"参数"键进入"参数设置"界面，根据 NB/T 47013.3—2015 承压设备无损检测标准要求，壁厚在 6～40mm 的焊接接头，用 CSK-ⅡA 试块制作 DAC 曲线灵敏度的设置为：评定线为 ϕ2mm×40mm－18dB；定量线为 ϕ2mm×40mm－12dB；判废线为 ϕ2mm×40mm－4dB，如案图 4-7 所示，三条曲线参数设置完成后，输入耦合补偿 4dB，形成如案图 4-8 所示检测该薄壁管焊缝的灵敏度曲线。

探伤参数		
工件厚度	8.0	mm
距离坐标	H	
探头类型	斜探头	
探头频率	5.00	MHz
探头 K 值	2.50	
探头角度	68.2	
探头规格	06×06	
探头前沿	6.0	mm
评　定	-18	dB
定　量	-12	dB
判　废	-4	dB
表面补偿	4	dB

案图 4-7　DAC 曲线参数设置

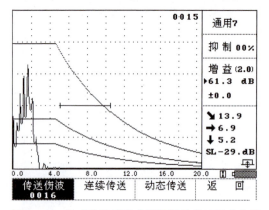

案图 4-8　生成的检测该薄壁管焊缝的灵敏度曲线

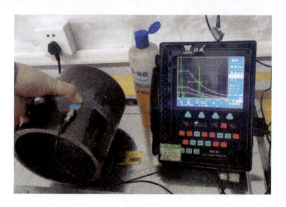

案图 4-10　扫查中发现缺陷

5. 薄壁管超声检测

1）扫查前，调节探伤仪增益旋钮使评定线二次回波灵敏度达到探伤仪屏幕满刻度的 20% 以上，检测从薄壁管焊缝标注的"0"点开始，逆时针锯齿形对薄壁管对接焊缝进行扫查，探头偏转角度在 10°～15° 之间，扫查速度不大于 150mm/s，如案图 4-9 所示。

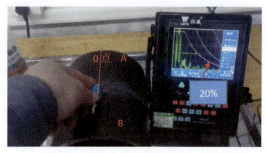

案图 4-9　检测起始点和灵敏度调节

2）在扫查过程中发现缺陷时，找到缺陷反射回波波高的最高点（案图 4-10），调节增益时最高反射回波达到满刻度的 80%，按住探头不动，用钢直尺量取此缺陷的水平距离，如案图 4-11 所示，探伤仪显示缺陷的水平距离为 13.6mm，深度为 7.8mm，波高为 SL + 20dB，正好在焊缝中心位置；将探头在 A 侧扫查，在相同位置发现缺陷回波，如案图 4-12 所示，缺陷水平距离显示为 12.8mm，深度为 7.5mm，波高为 SL + 20dB，用钢直尺量取缺陷位置在焊缝中心，根据波高特征判定此缺陷为根部未焊透缺陷。

3）确认缺陷最高波位置后，用记号笔在探头中心对应的焊缝位置上标记 S_3，采用 6dB 法对该缺陷进行测长，探头向左移动，当波高降至满刻度的 40% 时，即为缺陷的左边缘位置，如案图 4-13 所示，并用记号笔在焊缝上做标记，探头再向右移动，当波高同样降至满刻度的 40% 时，即为缺陷的右边缘位置，如案图 4-14 所示，并标记。

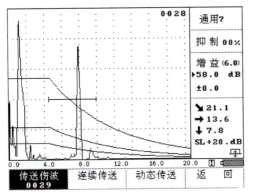
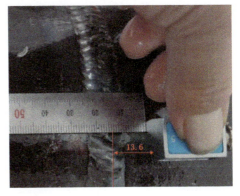

案图 4-11　缺陷波形 B 侧显示图像

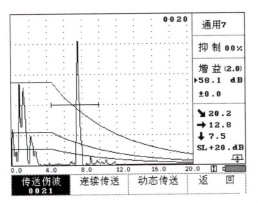

案图 4-12　缺陷波形 A 侧显示图像

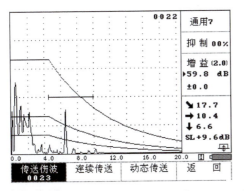

案图 4-13　探头左边缘显示

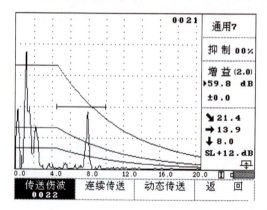

案图 4-14　探头右边缘显示

4）用卷尺量取缺陷的 S_1、S_2、S_3 位置，如案图 4-15 所示，$S_1 = 157mm$，$S_2 = 180mm$，$S_3 = 169mm$。该缺陷检测完成后，将检测灵敏度恢复到初始灵敏度，继续对工件进行检测，发现缺陷后按相同的方法对缺陷定位和测量，测量完成后将缺陷记录在缺陷记录表中，如在扫查过程中未发现缺陷，该管对接焊缝就只存在一处不合格缺陷，如案图 4-15 所示。

5）将扫查到的缺陷数值填入缺陷记录表中，并画出缺陷位置示意图，见案表 4-1。

案表 4-1　管对接焊缝缺陷记录表

（单位：mm）

序号	S_1	S_2	L	Y	S_3	SL+dB	结果	备注
1	157	180	23	0	169	SL+20dB	不合格	

案图 4-15　缺陷位置测量

缺陷示意图：

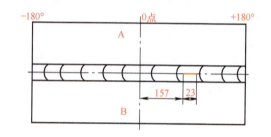

实际案例 5
对接钢板焊缝的检测方法

本案例采用 2.5P9×9K2 探头检测长 300mm、宽 300mm、厚度为 20mm 的钢板对接焊缝，如案图 5-1 所示，具体操作方法如下：

案图 5-1　钢板对接焊缝

1. 测试前准备

斜探头焊缝检测所需探伤仪和设备，如案图 5-2 所示。

2. 参数设置

按探伤仪"参数"键进入"参数设置"菜单，设置探头为频率 2.5MHz，探头晶片尺寸为 9mm×9mm，斜探头角度为 63.4°，设置完成后按"确认"键，返回探伤主界面。

3. 声速校准

如案图 5-3 所示，斜探头声速校准过程、校准方法同 3.2 节斜探头超声波声速和探头零点校准方法相同。

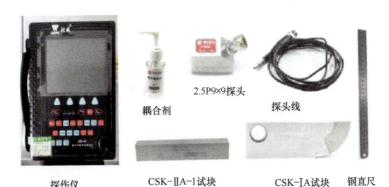

	2.5P9×9探头	探头线	
	耦合剂		
探伤仪	CSK-ⅡA-1试块	CSK-ⅠA试块	钢直尺

案图 5-2　钢板检测所需设备

案图 5-3　探头声速校准

后移动探头找到 ϕ50mm 孔反射最高回波，调节探伤仪的增益旋钮将 ϕ50mm 孔反射回波高度降为满刻度的 80%，按确认键，K 值校准完成，如案图 5-6 所示。

5. 探伤灵敏度的确定

制作 DAC 曲线时，选取的最深孔深度应大于板厚的 2 倍，已知 2 倍板厚为 40mm，

4. 探头前沿和 K 值确定

探头声速校准完成后，如案图 5-4 所示，用钢直尺量出 R100mm 圆弧面边缘至探头前端的距离为 88mm，探头前端距离 L = 100mm − 88mm = 12mm。探头前端距离测试完成后，如案图 5-5 所示，将探头放置在 CSK‑ⅠA 试块上刻度 K2.0 位置，前

案图 5-5　探头测量位置

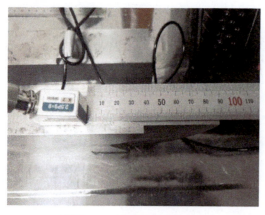

案图 5-4　测量探头前端距离

案图 5-6　探头 K 值校准

选择 CSK-ⅡA 试块上深 10mm、20mm、30mm、50mm、直径 ϕ2mm 横通孔制作 DAC 曲线。具体制作步骤如下：

首先，单击探伤仪"制作曲线"键进入"曲线制作"界面，将探头放置在 CSK-ⅡA 试块 ϕ2mm 横通孔深 10mm 位置附近，左右移动探头找到孔深 10mm 的最高反射回波，调节探伤仪增益旋钮将回波高度降为满刻度的 80%，按"波峰记忆"键，再按"确认"键，第一点制作完成。

然后，采用相同方法依次制作孔深 20mm、30mm、50mm 的三点，四点采集完成后按"确认"键，DAC 曲线制作完成，如案图 5-7 所示。

案图 5-7　DAC 曲线制作过程

最后，按探伤仪"参数键"进入参数界面，根据 NB/T 47013.3—2015 承压设备无损检测标准要求，板厚在 6 ~ 40mm 的焊接接头，用 CSK-ⅡA 试块制作 DAC 曲线灵敏度设置为：评定线为 ϕ2mm×40mm – 18dB；定量线为 ϕ2mm×40mm – 12dB；判废线为 ϕ2mm×40mm – 4dB，如案图 5-8 所示，三条曲线参数设置完成后，输入耦合补偿"4dB"，生成如案图 5-9 所示检测该焊缝的灵敏度曲线。

6. 对接焊缝超声检测

1）调整检测灵敏度，制作完 DAC 曲线后，提高增益使评定线（EL）在时间轴 2 倍板厚位置提高到探伤仪满刻度的 20% 以上，进行焊缝探伤工作。

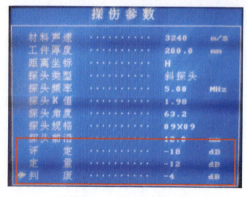

案图 5-8　灵敏度参数设置

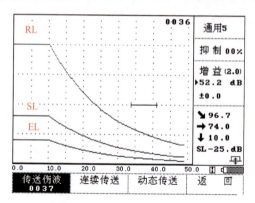

案图 5-9　DAC 灵敏度曲线

2）确定探头扫查范围，检测级别为 A 级，依据 NB/T 47013—2015 标准，用一种 K 值探头采用直射法和一次反射法对焊缝的单面双侧进行检测，扫查幅度应达到 1.25P（其中 P = 2KT）。

3）确定扫查方式，如案图 5-10 所示，

探伤时应先在焊板 A、B 两侧进行粗扫查，采用锯齿形轨迹对焊缝进行扫查，探头偏转角度在 10°～15° 之间，扫查速度不大于 150mm/s，找到缺陷位置后，辨别真伪缺陷，并标记。

案图 5-10　焊缝粗扫查

4）缺陷的定位，焊缝粗扫完成后，对确定为缺陷的位置进行精准扫查，在焊缝标记处分别从焊板 A、B 两侧进行扫查，找寻两侧缺陷最高反射回波波高，以缺陷反射回波最高点作为测量依据，确定缺陷的位置和大小，如案图 5-11

所示，在 A 侧扫查显示缺陷水平距离为 8.9mm，深度为 10.5mm，最高波高为 SL+12dB；如案图 5-12 所示，在 B 侧扫查显示缺陷水平距离为 49.8mm，深度为 9.1mm，最高波幅为 SL+0.8dB，该缺陷从 A 侧扫查波高最高，所以按照 A 侧扫查数

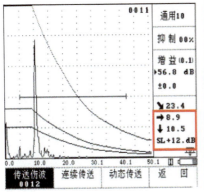

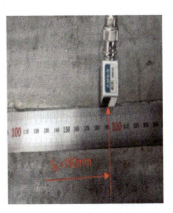

案图 5-11 缺陷 A 侧最高波位置显示

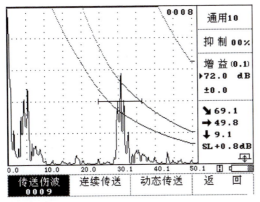
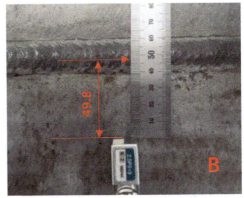

案图 5-12 缺陷 B 侧最高波位置显示

据对缺陷定位，缺陷位置深度为 10.5mm，Y 轴方向 +1mm，最大波幅为 SL+12dB。

5）缺陷的定量。确定好缺陷位置后，采用 6dB 法对缺陷的长度进行测量，先将探头向左移动，当最高波高降为仪器满刻度的 40% 时，探头中心位置就是该缺陷的左边缘，用钢直尺测量该位置得到 S_1 为 190mm，如案图 5-13 所示，测量完成后，将探头向右移动，反射波高降为满刻度的 40% 时，探头中心位置即为该缺陷的右边缘。用钢直尺测量该位置得到 S_2 为 207mm，如案图 5-14 所示，缺陷长度为 $S_2 - S_1 = 207\text{mm} - 190\text{mm} = 17\text{mm}$。

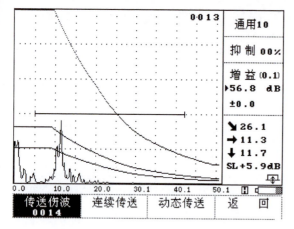
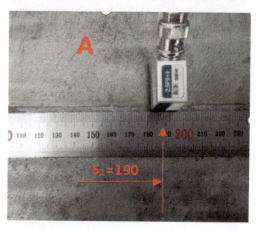

案图 5-13　缺陷左边缘位置测量

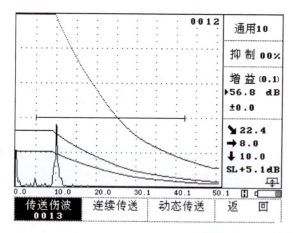
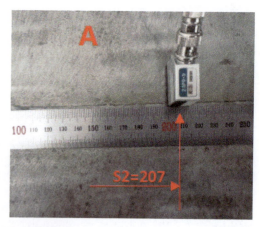

案图 5-14　缺陷右边缘位置测量

6）测量完该缺陷后，将检测灵敏度恢复到初始灵敏度，继续对工件进行检测，发现缺陷后按相同的方法对缺陷定位和测量，测量完成后将缺陷记录在缺陷记录表中，见案表 5-1，如在扫查过程中未发现缺陷，则该管对接焊缝只存在一处不合格缺陷。

案表 5-1　对接焊缝缺陷记录表

（单位：mm）

序号	S_1	S_2	L	Y	S_3	SL+dB	结果	备注
1	190	207	27	+1	192	SL+12dB	不合格	

缺陷示意图：

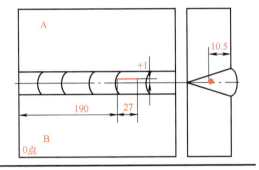

7）缺陷记录。将缺陷的测量数据填入缺陷记录表中，并画出缺陷示意图。

非缺陷的辨别，在焊缝扫查过程中，经常出现一些超过评定线的波形显示，这些波形显示和缺陷波相似，很容易判定为缺陷回波，造成不必要的返修，影响焊接质量。下面介绍几种在对接焊缝中常见的非缺陷波形。

情况 1：大家看到案图 5-15 时，是不是有一种熟悉的感觉？案图 5-15 和案图 5-12 从波形图像，水平距离、深度和波高的显示位置几乎一样，那为什么案图 5-12 被认为是缺陷而案图 5-15 就不是缺陷，迅速判断的方法如下：如案图 5-15 所示，用钢直尺测量屏幕显示的水平距离数值是否在焊缝范围内，如果从探头前端测量探伤仪显示的水平距离点，在焊缝范围内即可判定为缺陷回波，否则就不是缺陷。很显然案图 5-15 显示的缺陷水平距离测量后不在焊缝范围内，在母材内，正好和工件提手加工孔位置一致，此回波为加工孔显示。

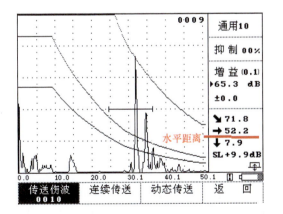

案图 5-15　工件内加工孔回波

情况 2：如案图 5-16 所示，探伤仪显示该反射回波水平距离为 26.6mm，深度为 19.3mm，用钢直尺测量显示该缺陷在焊缝范围内，偏离焊缝中心位置 2～3mm，虽然满足情况 1 的条件，但是深度显示不在钢板厚度范围内，也不能判定为缺陷，该反射回波是焊缝余高的反射回波。

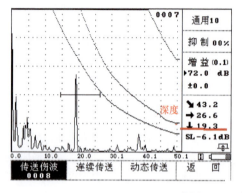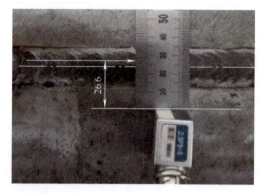

案图 5-16　焊缝根部表面回波

技能大师经验谈：如何快速区分缺陷回波和非缺陷回波，根据探伤仪屏幕上显示的水平距离和深度数值，用钢直尺量取探头前端为起点，探伤仪显示的水平距离数值为终点，如果在焊缝范围内，同时深度显示在板厚内即可判定此回波为缺陷回波，只有水平距离和深度同时满足上述两个条件时才能确定为缺陷回波。

实际案例 6
盘毂连接座疲劳裂纹的超声检测方法

高速动车组制动系统功能的优劣直接影响动车组的运行安全性，制动盘是制动系统的关键部件之一，目前高速动车组拖车采用盘形制动装置，如案图 6-1 所示，每根车轴上有三个轴制动盘和制动盘毂，制动盘毂上的连接座是通过螺栓和制动盘连接的。连接座在长期行驶过程中易产生疲劳裂纹发生断裂，导致制动系统失效。因此，对制动盘毂连接座的超声检测非常重要。

案图 6-1　盘形制动装置

1. 轮毂连接座结构

轮毂连接座宽 40mm，中心有 $\phi16$mm 的螺栓孔，如案图 6-2 所示，连接座产生疲劳裂纹源自于直角结构的根部，裂纹是沿着连接座直角根部横向扩展，盘毂通过螺栓和制动盘连接，直角面和制动盘紧贴裂纹处在内测，无法采用外观检测方法，连接座检测面与制动盘间隙只有 14mm，宽度为 10mm。

2. 探伤检测方法确定

1）检测设备：KW-4C 数字化超声波探伤仪。

2）探头的选择：如案图 6-3 所示，检测面只有 10mm×14mm，长度为 40mm 的一个狭小空间，这就决定了探头的外壳高度尺寸不能超过 14mm，探头前沿小于 6mm，探头入射主声束必须垂直于疲劳裂

案图 6-2　连接座结构

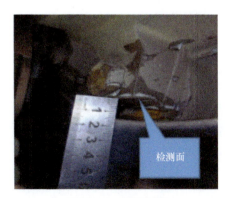

案图 6-3　检测区域

205

纹的断截面，经过计算，确定探头折射角在 28° 左右。为了满足上述探头条件，定制小角度纵波斜探头 DX5P6×6L28，探头外壳尺寸为 10mm×10mm×30mm。

3）实物对比试块：实物对比试块是在轮毂上截取一个完好无缺陷的连接座，在连接座直角面根部加工出一个深 1mm，宽为 0.5mm 人工槽，如案图 6-4 所示。

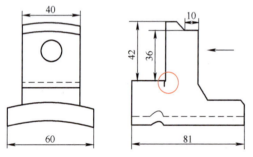

案图 6-4　实物对比试块

4）耦合剂：采用润滑油或轴承脂。注意：校验灵敏度和检测过程中要使用同一种耦合剂。

3. 灵敏度校准

将探头放在实物对比试块检测面上，将试块上 1mm 深的人工槽回波高度调至满刻度的 80%，同时调节探伤仪范围使人工槽回波在 3.6 格上，油槽波固定回波位置在 6.2 格上，探伤仪声程 1:1 调节完成，此时的增益数就是探伤检测灵敏度，如案图 6-5 所示，在此基础上增加 2～6dB 就是检测灵敏度。

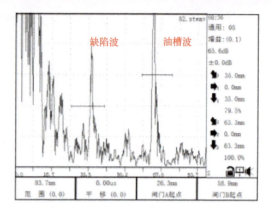

案图 6-5　灵敏度校准

4. 实际检测验证

1）无缺陷波形显示。在实际检测过程中，连接座无缺陷时，示波屏上只有油槽的固定波形，其回波位置为 62mm，如案图 6-6 所示；在探头移动至螺栓孔上方，由于螺栓孔会阻止主声束的入射，示波屏上出现杂乱回波，如案图 6-7 所示。

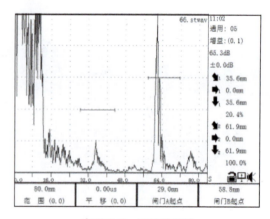

案图 6-6　无缺陷回波

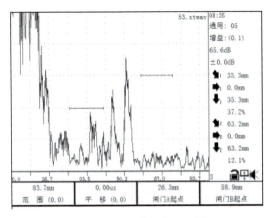

案图 6-7　螺栓孔位置回波

2）裂纹波形显示。在检测过程中，如果探伤仪屏幕上出现的符合下列显示的三种不同波形之一，则均为连接座根部疲劳裂纹。

第一种波形：缺陷波和油槽波同时存在，缺陷波比油槽波低，如案图 6-8 所示。

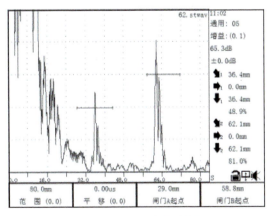

案图 6-8　第一种波形特征

对发现此波形的检测工件，卸下制动盘后，对轮毂连接座直角根部进行磁粉检测，发现第一种波形位置的磁痕显示细、长度短，小于 20mm，如案图 6-9 所示，处于裂纹的初始阶段。

案图 6-9　第一种波形的磁痕显示

第二种波形：缺陷波和油槽波同时存在，缺陷波比油槽波高；如案图 6-10 所示。

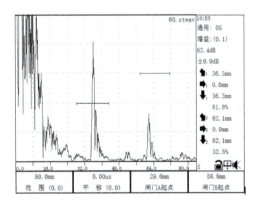

案图 6-10　第二种波形特征

对发现此类波形的检测工件，卸下制动盘后，对轮毂连接座直角根部进行磁粉检测，第二种波形位置的磁痕显示较粗、长度大于 20mm 且小于 40mm，如案图 6-11 所示，处于裂纹的扩展阶段。

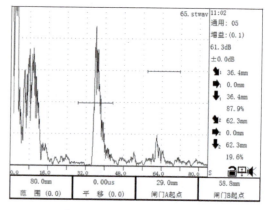

案图 6-12　第三种波形特征

案图 6-11　第二种波形的磁痕显示

第三种波形：只有缺陷波，油槽波几乎消失，如案图 6-12 所示。

对符合上述波形的检测工件，卸下制动盘后，对轮毂连接座直角根部进行磁粉检测，第三种波形位置的磁痕显示粗大，长度贯穿整个连接座的宽度 40mm，如案图 6-13 所示，并且裂纹有一定的深度。

案图 6-13　第三种波形的磁痕显示

实际案例 7
油压减振器连杆的超声检测方法

垂直油压减振器是安装在客车转向架和转臂之间的重要减振构件，依靠活塞杆往复运动形成液压阻尼力，达到减缓车体垂直振动的目的，具有很好的减振阻尼效应和柔性的减振效果，是保证客车运行过程中的平稳性、安全性和舒适性的关键部件。

在运行中，垂直油压减振器的常见故障有油压泄漏和连杆和储油缸底部焊接处产生疲劳裂纹折断，造成客车行驶过程中的安全隐患。在检修中对连杆内部和焊缝处要求进行无损检测，连杆和储油箱根部焊缝处采用磁粉检测，连杆内部采用超声检测，如案图 7-1 所示，连杆尺寸直径为 $\phi25mm$，无螺纹部分长 65mm。

案图 7-1　连杆结构图

油压减振器连杆超声检测方法：

1. 检测设备选择

1）检测仪器：数字化超声波探伤仪。

2）探头型号：频率为 5.0MHz，探头直径 $\phi12mm$，双晶纵波探头。

3）校验试块：CSK-ⅠA 试块。

4）耦合剂：采用润滑油或轴承脂。注意：校验灵敏度和检测过程中要使用同一种耦合剂。

2. 零点校准

如案图 7-2 所示，将 5M PT-12 双晶直探头放置在 CSK-ⅠA 试块上，调节探伤仪，使试块 25mm 厚度的第 1 次、第 2 次底面回波前沿分别对准探伤仪屏幕水平刻度的第 5、第 10 大格，按确认键，零点校准完成，即探伤仪屏幕水平刻度的每 1 大格代表实际长度 10mm（全长声程 50mm）。

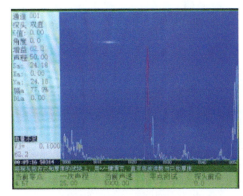

案图 7-2　零点校准示意图

3.灵敏度确定

零点校准完成后，调节探伤仪水平范围为30mm，再调节探伤仪增益旋钮，使CSK-ⅠA试块上25mm的第一次底波达到探伤仪屏幕满刻度的80%，即为检测灵敏度，如案图7-3所示。

案图7-4　检测（扫查）过程

6.实际检测

1）如案图7-5所示，连杆内部无缺陷时，示波屏上只有连杆第1次底面回波。

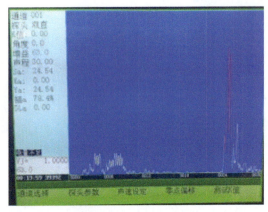

案图7-3　灵敏度校准图像

4.检测（扫查）

如案图7-4所示，将探头放置在连杆轴上进行径向移动检测，扫查速度为20～50mm/s，沿连杆轴向方向前后移动探头，连杆长度扫查完后，圆周方向移动探头，探头移动距离不大于探头直径的80%，同时观察底面回波的变化。探头扫查整个连杆外表面。

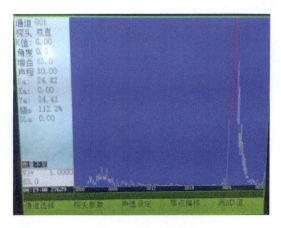

案图7-5　无缺陷显示

5.验收要求

连杆中不允许有任何缺陷存在，若发现内部缺陷，则连杆不能再使用。

2）如案图7-6所示，当探头移动到连杆根部时，在深度为11.43mm位置上出现缺陷的第 1 次和第 2 次回波显示，同时底面回波迅速降低或消失，如案图 7-7 所示，探头沿周长方向移动，此波形变化很小，由此可断定连杆内部有大缺陷，此件不合格。

案图 7-6　检测缺陷位置

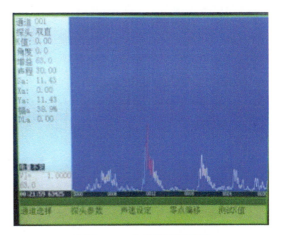

案图 7-7　由缺陷波形显示

技能大师经验谈：采用双晶探头检测时注意——晶片隔离层的方向始终要垂直于扫描方向。

参 考 文 献

[1] 万升云 . 超声波检测技术及应用 [M]. 北京：机械工业出版社，2017.

[2] 中国机械工程学会无损检测分会 . 超声波检测 [M]. 2 版 . 北京：机械工业出版社，2016.

[3] 全国焊接标准化技术委员会 . 焊缝无损检测 超声检测 技术、检测等级和评定：GB/T 11345—2013[S].
北京：中国标准出版社，2013.

[4] 全国焊接标准化技术委员会 . 焊缝无损检测 超声检测 焊缝中的显示特征：GB/T 29711—2013[S]. 北京：
中国标准出版社，2013.

[5] 全国焊接标准化技术委员会 . 焊缝无损检测 超声检测 验收等级：GB/T 29712—2013[S]. 北京：中国标
准出版社，2013.

[6] 中国机械工业联合会 . 无损检测 A 型脉冲反射式超声检测系统工作性能测试方法：JB/T 9214—2010[S].
北京：机械工业出版社，2010.

[7] 中国钢铁工业协会 . 厚钢板超声检测方法：GB/T 2970—2016[S]. 北京：中国标准出版社，2016.

[8] 全国锅炉压力容器标准化技术委员会 . 承压设备无损检测 第 3 部分：超声检测：NB/T 47013.3—
2015[S]. 北京：新华出版社，2015.

[9] 国家标准化管理委员会 . 铸钢件 超声检测 第 1 部分：一般用途铸钢件：GB/T 7233.1—2009[S]. 北京：
中国标准出版社，2009.